SAND

Rédaction : Pascal Petiot et Tetiana Petiot
Aide à la rédaction : Nadia Ivanova

Dépôt légal : 3e trimestre 2024 © Sand, 2024
ISBN : 978-2-7107-8975-8
Imprimé en France par CPI en juillet 2024.

WC BOOK

D'après une idée originale de Pascal PETIOT

Responsable éditorial :
Pascal PETIOT

Illustrations originales : Ah !
Couverture : Ah !
Pictogrammes : Ah ! et Sabine Nourrit

WC BOOK
2025

PAROLES DE CÉLÉBRITÉS

« J'adore les céréales. »
Marc Lavoine

« Tout ce que j'ai hérité de mes parents n'est que gênes et tics. »
Vincent Lindon

« J'ai fait un rêve, nous mangions tous équilibré. »
Martin Burger King

Combien mesure le pont Harvard en smoots ?

Oui… en « smoots », vous avez bien lu ! Cette drôle d'unité de mesure a été inventée par les étudiants farceurs du MIT (Massachusetts Institute of Technology) de Cambridge, aux États-Unis, en 1958.

Lors d'une épreuve d'intégration, ils demandèrent à un des nouveaux venus de mesurer le Harvard Bridge… en prenant sa taille comme repère. L'étudiant bizuté, du nom d'Oliver R. Smoot, dut donc s'allonger au sol à intervalles réguliers. Le jeune homme mesurant 1,70 mètre, ses camarades en déduisirent que le pont était long de 364,4 smoots (soit 620,1 mètres).

Détail amusant : aujourd'hui encore, les marques de peinture délimitant les smoots sont toujours visibles sur la route. Elles sont régulièrement rafraîchies par la nouvelle génération d'étudiants de l'université de Cambridge.

QUIZ

Quel film présente une scène où le protagoniste médite sur une montagne isolée en Inde, montrant les magnifiques pics enneigés de l'Himalaya ?

a. *Into the Wild*
b. *The Secret Life of Walter Mitty*
c. *The Darjeeling Limited*
d. *127 Hours*

Solution : b. *The Secret Life of Walter Mitty* (2013) avec Ben Stiller, sorti chez nous sous le titre *La Vie rêvée de Walter Mitty*.

Ma diététicienne
m'a dit qu'il fallait
absolument éviter les
« 3 P » : Pain, Pommes
de terre, Pâtes !
Oufff... Heureusement,
il n'y a pas de « P »
à Raclette !

JEUX

SUDOKU

FACILE

4			2	7	6		8	9
2	3	6			5	4		7
7		8	3			2		
		9		6			4	
6	2			5			9	
	7	3	9	2	4	8		1
1			5		7			4
3	8			1			2	
9		5		3		1		8

Solution page 611

QUEL EST L'INTRUS ?

CHARLES QUINT

PHILIPPE II

LÉONIDAS IER

FRANÇOIS IER

HENRI II

Solution : Léonidas Ier, qui était un roi de Sparte à l'Antiquité, pas un roi européen de la Renaissance comme les autres de la liste.

J'ai horreur quand
la caissière vérifie
si mon billet est vrai.
Si je pouvais en
fabriquer des faux,
je ne viendrais pas
chez *Lidl* !

JEUX

MOTS CROISÉS

HORIZONTALEMENT

1. Châtiment infligé en répression d'une faute, d'une désobéissance
2. Commune française
3. Décores – Adjectif numéral
4. Changea – Petite crique
5. Remuâmes
6. Acronyme d'un établissement d'archivage – Nobelium
7. Propres – Adjectif indéfini signifiant « quelques-uns »
8. Lieu de méditation et de retraite spirituelle dans l'hindouisme

VERTICALEMENT

I. Toxine bactérienne produite dans les aliments avariés
II. Commune française du département des Pyrénées-Atlantiques
III. Commune française du département de la Haute-Vienne
IV. Étendue de terre entourée d'eau – Adjectif possessif
V. Relatif à la Toscane, une région d'Italie
VI. Indium – Sentiment d'affection profonde
VII. Qui a des yeux, doté d'une bonne vision – Sodium
VIII. Filles, femmes en argot – Samarium

JEUX

	I	II	III	IV	V	VI	VII	VIII
1								
2								
3						■		
4				■				
5								
6				■			■	■
7					■			
8		■	■					

Solution page 615

CITATIONS

« La culture française est en train de disparaître. On voit arriver des auteurs qui ne connaissent plus les mots. »
Serge Lama

« Le malheur de la Bretagne est de ne pas être une île. »
Sylvain Tesson

CARRÉ MAGIQUE

FACILE

Obtenez la somme de **250** sur toutes les lignes horizontales et verticales !

55	69	68	58
66	60	61	63
62	64	65	
		56	

Solution page 603

Enigmes

Lors d'une promenade,
deux amis arrivent sur
le sommet de la montagne.
L'un regarde vers le nord,
l'autre regarde vers le sud.

Comment font-ils pour se regarder les yeux dans les yeux ?

Solution : Pas besoin de miroir, ils sont face à face !

Faire des enfants,
c'est permettre
à des petits êtres
qui mangent leurs
crottes de nez
de critiquer votre
cuisine.

920 : c'est le nombre de kilomètres/heure auxquels les avions de ligne volent en rythme de croisière. Vous n'avez pas l'impression qu'ils vont si vite, vus du sol ? C'est normal : en l'absence de points de repère dans l'immensité du ciel, votre cerveau n'arrive pas à estimer la vitesse de l'appareil, comme il le fait beaucoup plus précisément avec une voiture circulant sur une route, par exemple.

JEUX

MOTS MÊLÉS

Chevaliers de la table ronde d'Arthur

Saurez-vous retrouver chacun des mots cachés dans ce tableau ?

Les mots peuvent être écrits horizontalement, verticalement, en diagonale ou à l'envers.

Mots à trouver :

1) ACCOLON
2) BEDIVERE
3) CALOGRENANT
4) CARADOC
5) EREC
6) GAHERIS
7) GALAHAD
8) GALEHAUT
9) GALESSIN
10) GARETH
11) GAUVAIN
12) GIRFLET
13) HECTOR
14) KEU
15) LAMORAK
16) LANCELOT
17) LOHENGRIN
18) MORDRED
19) PERCEVAL
20) TRISTAN

JEUX

Z	K	Y	T	V	C	K	B	M	A	C	C	O	L	O	N	V	L	S	I
I	H	T	E	R	A	G	L	V	W	R	V	J	P	G	Y	U	K	D	C
F	O	U	V	N	G	J	I	P	Q	Q	D	O	Y	L	J	E	L	T	I
X	D	Y	E	R	E	V	I	D	E	B	Z	T	W	Ç	D	O	W	R	E
W	P	J	R	H	Q	I	H	P	V	A	N	G	D	A	H	L	D	I	P
L	U	H	B	L	Y	J	X	J	Y	A	T	B	H	E	K	W	E	S	X
T	E	L	F	R	I	G	G	I	N	L	C	A	N	N	T	I	R	T	T
B	S	C	C	E	L	A	Z	E	Q	D	L	G	I	E	I	P	D	A	A
N	Ç	U	E	I	A	Y	R	S	Z	A	R	S	Ç	U	R	T	R	N	J
A	J	M	P	T	M	G	K	F	G	I	S	Z	A	T	S	U	O	O	Ç
Ç	C	B	I	O	O	I	G	R	N	E	D	M	F	H	K	F	M	Ç	S
S	C	R	Z	L	R	R	D	A	L	A	V	E	C	R	E	P	I	O	T
U	F	Ç	A	E	A	C	R	A	U	L	D	S	D	W	U	U	X	U	C
S	Q	C	S	C	K	O	G	M	A	V	P	Z	I	Q	R	F	A	H	P
Q	G	H	L	N	V	D	G	O	U	L	A	J	B	R	G	H	E	C	Q
P	H	E	Q	A	E	A	M	X	U	M	F	I	A	Z	E	C	Z	R	H
I	I	N	N	L	A	R	C	H	C	N	K	U	N	L	T	H	Y	I	F
L	I	V	W	X	X	A	A	T	E	C	F	G	A	O	T	G	A	C	M
E	O	L	Ç	R	G	C	H	B	R	Z	M	G	R	E	F	F	P	G	G
K	N	D	D	X	O	U	Q	M	E	T	P	A	V	T	R	Z	S	W	W

Solution page 606

Selon
une étude,
7 Français sur
4 seraient nuls en
mathématiques.

Vrai ou faux ?

Les araignées ont besoin du vent pour tisser leur toile.

Vrai.
Il n'y a que Spiderman qui puisse
se déplacer dans les airs en projetant des fils.
Nos chères (ou pas) bêtes à huit pattes sont
obligées d'attendre un courant d'air pour
se projeter d'un bout à l'autre de leur toile,
durant le processus de fabrication de ce piège
mortel pour les mouches et moustiques.

J'ai failli me faire renverser par une voiture hybride, vu qu'on ne les entend pas arriver. Par contre, quand tu te fais un Nespresso, t'as l'impression d'avoir un marteau-piqueur dans ta cuisine. Putain, les scientifiques… …revoyez vos priorités !

Quel oiseau peut klaxonner, vrombir et sonner ?

Oui, ce volatile existe réellement et il a pour doux nom le ménure superbe ! Ce drôle d'oiseau vit uniquement en Australie, dans les États de Victoria, du Queensland et de Tasmanie. Il s'agit d'un imitateur né, qui s'imprègne des sons de son environnement et les reproduit avec une fidélité impressionnante. Klaxon de voiture, scie tronçonneuse, alarme, déclencheur d'un appareil photo, mais aussi voix humaines et chants des autres oiseaux, il peut tout faire, ou presque. Il possède le chant le plus complexe de toute la gent à bec et à plumes. Pour ne rien gâcher à ses talents d'orateur, le ménure superbe porte bien son nom, grâce à son impressionnante queue en forme de lyre.

Humour

Marie rentre dans la boulangerie de bon matin :

« Bonjour ! Une baguette s'il vous plaît…

– Pas trop cuite ?

– Oh, si ! Je suis dé-chi-rée !

– Je parlais de la cuisson.

– … »

Ce qui compte, c'est la Bible !

CE QUI COMBLE, C'EST LA BITE !

… « C'EST UN VRAI GLANDEUR ! »

Ça ne veut pas forcément dire que l'homme visé est du genre à se gratter les parties intimes en regardant la télévision et en buvant une bière. En effet, ***glandeur est un véritable métier*** ! Il consiste à ramasser… des glands, CQFD. ***Une profession essentielle*** pour la bonne santé des forêts, car les graines récoltées sont triées, lavées et conservées par l'ONF (Office national des forêts), puis utilisées pour régénérer les bois chaque année.

En dehors de
« La vie est courte »,
quelles autres phrases
utilisez-vous pour
prendre les mauvaises
décisions ?

Elle commence le dimanche et finit le samedi.

Qu'est-ce que c'est ?

Solution : Non, ce n'est pas la semaine, ni la nuit ! C'est la syllabe « di » qui commence le mot « dimanche » et finit le mot « samedi » !

Chez l'épicier, Manon la cagole :
« Bonjour ! Je voudrais 5 kilos de patates.
– Des grosses ou des petites ?
– Des petites. Ce sera moins lourd à porter ! »

JEUX

SUDOKU

MOYEN

1		4	8		9	7		2
6		7	4	3	2			5
5		2		7		8		4
	2		5		3	1		7
		3	2					
4	5	1	9		7			3
2	7		1		5	3	9	
3		6			8			1
	1		3		6		7	

Solution page 611

Zorro m'a encore appelé 7 fois ce matin ! Marre de recevoir ses appels masqués… Comme personne ne parle, je soupçonne Bernardo.

Contrepèterie belge : Il fait beau et chaud.

Le trophée le plus haut et le plus ancien au monde !

L'aiguière d'argent : voilà un nom mythique pour les passionnés de sports nautiques. Cette magnifique coupe est remise au gagnant de l'America's Cup, une course de voile qui a eu lieu pour la première fois en 1851. Depuis, chaque vainqueur a l'honneur de voir son nom gravé sur le trophée. Les années passant, il a fallu rehausser l'aiguière afin de perpétuer cette tradition ; elle mesure désormais plus d'un mètre de haut !

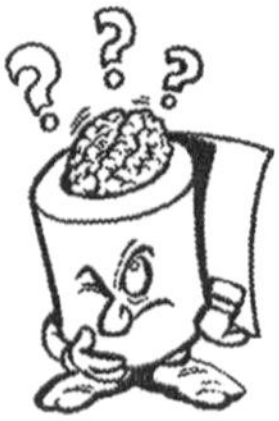

QUIZ

Si on pleure trop, peut-on ne plus avoir de larmes ?

a. Oui
b. Non

Solution : a. Oui, car les glandes lacrymales produisent 0,1 millilitre par heure de liquide lacrymal. Donc, si on pleure trop, on se retrouve sans larmes.

Le conseil végan du jour

En remplaçant
tes frites par du salsifis,
tu peux perdre 97 % du
peu de joie de vivre qu'il
te reste dans cette vie.

Les dingueries de nos amies les bêtes

5 534 : c'est le nombre de litres de lait produits annuellement par les vaches françaises. De quoi déguster **460** kilos d'emmenthal, **1 000** paquets de beurre et **44 272** yaourts.

200 : c'est le nombre d'espèces de moustiques qui piquent les êtres humains dans le monde. Moins de la **moitié** d'entre elles peuvent transmettre des maladies graves. Ce nombre peut vous paraître énorme, mais il ne représente que **5,5 %** du nombre total d'espèces de moustiques recensées (**3 600 !**). C'est toutefois suffisant pour faire des dégâts, quand on sait que **800 000** personnes meurent du paludisme chaque année...

Et sinon, les végans,
ils en pensent
quoi des plantes
carnivores ?

Quel nombre complète cette suite logique ?

2, 3, 5, 9, 17, 33, ...

Solution : La réponse est 65. Dans cette suite, chaque nombre est obtenu en ajoutant au précédent un nombre qui double à chaque étape :
2 + 1 = 3 ; 3 + 2 = 5 ; 5 + 4 = 9 ; 9 + 8 = 17 ; 17 + 16 = 33.
Ainsi, pour obtenir le prochain nombre :
33 + 32 = 65.

LABYRINTHE

MOYEN

Je ne baise plus
depuis des mois…
Ma vie sexuelle, c'est
le coma sutra !

Le saviez-vous ?

Comment boucler un marathon en... un demi-siècle !

C'est le drôle d'exploit dont a pu se targuer le Japonais Shizō Kanakuri. Ce sportif s'était inscrit au marathon olympique de Stockholm (Suède) en 1912, s'imposant pour cela un long voyage de 18 jours. Mais la course, disputée sous une terrible canicule, se solda par l'abandon de la moitié des participants, et même le décès de l'un d'entre eux... Sans compter une disparition : celle de Shizō Kanakuri, qui ne passa jamais la ligne d'arrivée !

Durant des années, bon nombre de théories tentèrent d'expliquer ce qui était arrivé à l'athlète nippon. Jusqu'à ce qu'un journaliste perce le mystère en 1952 : Shizō Kanakuri s'était, en réalité, effondré dans le jardin d'une maison, accablé par la chaleur et l'épuisement. Les habitants l'avaient recueilli et l'avaient installé dans un lit, où il avait dormi jusqu'au petit matin ! Honteux de n'avoir pas réussi à terminer la course, le sportif avait alors repris le bateau pour le Japon le plus discrètement possible.

Toutefois, cette histoire se termine bien, puisque, à l'âge honorable de 76 ans, Shizō Kanakuri a eu l'occasion de retourner en Suède. Il s'est élancé sur le parcours avec courage et a passé la ligne d'arrivée imaginaire du marathon, sous les vivats d'un public amusé ! Battant ainsi le record du plus long marathon au monde : 54 ans, 8 mois, 6 jours, 5 heures, 32 minutes et 20 secondes !

CARRÉ MAGIQUE

MOYEN

Obtenez la somme de **516** sur toutes les lignes horizontales et verticales !

99		151	
	119		131
		139	115
147		103	109

Solution page 603

Conseil du jour

Pour lâcher prise, le WC Book vous déconseille l'escalade !

100 : c'est le nombre de centimètres en moins qu'arbore l'astre solaire à chaque heure qui passe. Rassurez-vous, vu son diamètre colossal de **1 392 000** kilomètres, il n'est toutefois pas près d'arrêter de briller !

66 : c'est presque le nombre d'années qui séparent le premier vol en avion (le 14 décembre 1903) et le premier pas posé sur la Lune (le 21 juillet 1969). Une période incroyablement courte quand on pense aux évolutions techniques nécessaires pour accomplir cet exploit.

S'HYDRATER AVEC UN VERRE DE LAIT : BONNE IDÉE ?

Bien sûr, l'eau est et restera toujours la seule boisson indispensable à notre corps. Cependant, d'après une étude écossaise de l'université St Andrews, les nutriments contenus dans le lait auraient un effet hydratant plus important et plus pérenne. La raison ? Le lactose, les protéines et les matières grasses présents dans la boisson lactée aideraient le corps à absorber et à retenir plus efficacement l'eau.

Mon mec m'a acheté une carte du monde. Il m'a donné une fléchette et m'a dit :
« Lance la fléchette sur la carte et, où elle tombe, je t'y emmène ! »

On va passer deux semaines derrière le frigo…

Tu sais que tu deviens vieux quand des ados agaçants se font tuer dans un film d'horreur et que tu te sens plus proche du tueur que des ados.

IL EST DEVENU L'HOMME LE PLUS RICHE AU MONDE... POUR QUELQUES MINUTES

Chris Reynolds se rappellera pour toujours de cette incroyable journée du mercredi 17 juillet 2013. Cet habitant de Pennsylvanie (États-Unis) consultait distraitement ses e-mails, lorsque ses yeux s'écarquillèrent en tombant sur son relevé de compte PayPal... Il y constatait être l'heureux bénéficiaire de 92 233 720 368 547 800 dollars, soit environ 70 millions de milliards d'euros à l'époque !
Vous vous en doutez, il s'agissait d'une erreur technique de PayPal, qui s'est empressé de rectifier le bug dans les minutes suivantes. Mais l'Américain aura malgré tout eu le privilège d'être l'homme le plus riche au monde l'espace de quelques instants, et même l'unique « quadrillionaire » de la planète.

En bon patriote, Chris Reynolds a déclaré à la presse qu'il aurait utilisé ce montant colossal pour rembourser la dette de son pays en premier lieu. *God Bless America.*

« Non, merci Papa ! Pas d'histoire pour moi ce soir. »

Le fils de Stephen King

À l'école, la maîtresse demande :
« Qui sait ce que sont les violences conjugales ? »
Le petit Léon, 6 ans :
« C'est pas quand on dit "vous faisez" au lieu de "vous faites", madame ? »

Humour

Léa, 9 ans, patiente dans la salle d'attente du médecin avec sa mère. Ethan, arrive dans la pièce avec son père et s'installe à côté d'elle, car ils se connaissent :

« Mais, Léa… Je vois que tu sanglotes… Pourquoi ? Que se passe-t-il ?

– Ben, mon grand frère m'a dit que pour faire mon analyse de sang, on allait me couper le bout de mon doigt. »

Ethan se met à pâlir, à trembler et à pleurer à chaudes larmes.

« Mais pourquoi tu pleures comme ça, Ethan ?

– Je viens faire une analyse d'urine ! »

JEUX

SUDOKU

DIFFICILE

	4	2	7			1		
8	1			2			5	
					1		4	
4	6							9
				7				
5							7	4
	3		1					
	2			9			6	8
		4			2	9	1	

Solution page 611

MOTS MÊLÉS

Cuba

Saurez-vous retrouver chacun des mots cachés dans ce tableau ?

Les mots peuvent être écrits horizontalement, verticalement, en diagonale ou à l'envers.

Mots à trouver :

1) CAFE
2) CARAIBES
3) CHE
4) CIGARE
5) COCKTAIL
6) COLONIAL
7) CORAL
8) EMBARGO
9) FIDEL
10) HAVANE
11) MOJITO
12) MUSIQUE
13) PLAGE
14) REVOLUTION
15) RUMBA
16) SALSA
17) SOCIALISME
18) SUCRE
19) TABAC
20) TROPICAL

JEUX

T	M	U	S	I	Q	U	E	K	S	O	R	V	L	T	A	M	J	U	F
G	M	L	F	J	N	Q	I	A	G	A	B	M	U	R	A	W	U	G	R
R	T	Y	L	E	D	I	F	R	A	C	M	I	N	Z	C	B	U	S	E
B	L	D	Y	Z	V	C	A	S	K	F	O	T	K	J	E	B	A	Ç	G
N	L	Y	N	Ç	A	B	A	X	P	W	E	C	B	W	M	H	V	C	A
N	O	A	W	U	M	Q	A	R	W	R	G	J	K	H	Z	S	J	E	L
G	M	I	K	E	T	Ç	S	C	A	M	Q	I	W	T	Ç	O	R	O	P
C	F	T	T	X	K	Q	O	G	B	I	Q	A	E	V	A	C	Y	N	B
F	F	R	T	U	F	H	Ç	D	Y	R	B	O	X	L	U	I	B	J	B
O	Y	O	O	W	L	E	H	E	H	B	V	E	Y	S	M	A	L	L	R
V	C	P	J	T	E	O	H	I	Y	F	Q	J	S	S	P	L	A	L	M
H	J	I	R	I	I	P	V	I	L	I	F	I	U	R	C	I	E	Q	R
G	X	C	Z	R	I	J	J	E	K	Z	O	B	R	Q	N	S	H	U	E
D	N	A	T	S	X	N	O	V	R	C	Ç	Ç	I	O	B	M	A	X	P
W	X	L	E	R	I	Ç	O	M	S	O	Q	Z	L	N	A	E	V	E	A
U	O	K	K	L	B	R	D	P	S	K	W	O	Ç	S	Q	S	A	I	N
T	Y	E	A	H	V	D	E	Ç	A	B	C	F	L	P	P	U	N	C	Z
R	L	R	X	W	I	O	V	T	W	Ç	O	A	O	D	T	X	E	Q	O
I	O	I	J	Y	F	H	X	Z	N	P	S	E	R	A	G	I	C	H	T
C	Z	K	S	Y	C	B	H	M	N	O	A	X	E	F	A	C	E	Ç	C

Solution page 606

Mon cou est
tout bloqué !

**MON BOUT EST
TOUT CLOQUÉ !**

CES FAUVES SONT DANGEREUX, MÉMORISEZ BIEN L'ORDRE D'OUVERTURE ET DE FERMETURE DES PORTES !
VOUS OUVREZ LES PORTES 1 ET 3 PUIS VOUS FERMEZ LA 3 POUR OUVRIR LA 2. LAISSEZ LA 1 OUVERTE LE TEMPS D'OUVRIR LA 4, ENSUITE VOUS FERMEZ LA 1...
ET POUR TERMINER, FERMEZ LA 4ÈME PORTE AINSI VOUS POUVEZ NETTOYER LA CAGE
?

Ne lavez pas le doudou de votre enfant !

Cette peluche sent mauvais, est tachée, commence à tomber en lambeaux… Et, pourtant, votre dernier-né ne veut pas s'en séparer ! C'est normal : selon de récentes études, les enfants sont d'autant plus attachés à leur doudou qu'il présente des signes d'utilisation fréquente. Pour cause, le sens olfactif a une grande importance pour les petits, et ce, dès le plus jeune âge. Sans compter que plus un doudou a vécu et plus il est identifié comme un fidèle compagnon par notre bout de chou.

En pratique, il est néanmoins nécessaire de passer, de temps en temps, la peluche ou le bout de chiffon à la machine à laver, non ? Si le doudou commence vraiment à être répugnant ou a complètement changé de couleur à cause de la crasse, vous pouvez effectivement le laver à 30 degrés. Après l'avoir laissé sécher, n'hésitez pas à le déposer au milieu des affaires de bébé ou directement dans son lit, afin qu'il retrouve rapidement son odeur bien-aimée.

Humour

Le professeur demande aux élèves :
« Veuillez sortir vos équerres, je vous prie ! »
Le petit Gabriel se met à pleurer à chaudes larmes.
Le prof lui demande :
« Mais qu'est-ce qui se passe, Gabriel ?
– J'ai perdu mes équerres.
– Mais ce n'est pas grave du tout… Il ne faut pas pleurer pour ça !
– Mon père va me faire une de ses crises lorsque je lui dirai !
– Pourquoi est-ce qu'il crierait après toi ? Ce ne sont que des équerres.
– Vous ne pouvez pas savoir l'engueulade qu'il a passée à ma sœur lorsqu'elle lui a appris qu'elle n'avait plus ses règles !!! »

Les dingueries de nos amies les bêtes

1 800 : c'est le nombre de litres de sperme éjaculés en moyenne par une baleine lors d'un accouplement.

9 : c'est le volume en litres du plus grand œuf jamais retrouvé, soit **150** fois plus gros qu'un œuf de poule ! Il appartenait à l'oiseau-éléphant – qui faisait partie des ratites, comme les autruches, émeus, nandous, etc. –, espèce endémique de l'île de Madagascar, il y a près d'un millénaire.

Charade

Mon **premier** est un **LIEU SOMBRE ET PROFOND**,

Mon **deuxième** se **DOIT**,

Mon **troisième** est une **JOLIE ÎLE DE L'ARCHIPEL CHARENTAIS**,

Mon **quatrième** est ce qui **GUIDE NOS CHOIX**,

Mon **tout** brille dans **L'OBSCURITÉ**.

Solution : Phosphorescence (Fosse-Faut-Ré-Sens).

Quand je vois un
enfant pleurer, je lui
demande où sont
ses parents…
Il pleure encore plus.
J'adore mon boulot
à l'orphelinat.

Les cougars n'ont pas besoin d'un prétexte religieux pour pratiquer le jeune.

JEUX

MOTS CROISÉS

HORIZONTALEMENT

1. Sculpture composée de formes en équilibre sur une ou des tiges
2. Suppurera
3. Étêter
4. Préposition, privé de
5. Plante herbacée – Coulée de lave rugueuse
6. Corps entrant dans une réaction chimique
7. Plantes utilisées pour la vannerie
8. Hassium

VERTICALEMENT

I. Danseurs de salsa
II. Terbium – Commune de Gironde
III. Donnais une terre contre rente
IV. Extrémités des brûleurs – Cérium
V. Langue de Papouasie-Nouvelle-Guinée – Foyer
VI. Véhicules lunaires – Crack
VII. Point de départ d'une chronologie particulière – Durée
VIII. Peuple ancien nomade d'Europe orientale et centrale

JEUX

	I	II	III	IV	V	VI	VII	VIII
1								
2								
3		■						
4					■		■	
5				■		■		
6								
7							■	
8		■		■		■		

Solution page 615

Ah, le rap
français...
Cette musique
conviviale à écouter
autour d'un feu
de voiture...

QUEL EST L'INTRUS ?

FRANÇOIS-MARIE AROUET DIT VOLTAIRE

JEAN-JACQUES ROUSSEAU

OLYMPE DE GOUGES

HONORÉ DE BALZAC

CHARLES DE MONTESQUIEU

DENIS DIDEROT

PIERRE-AUGUSTIN CARON DE BEAUMARCHAIS

PIERRE CHODERLOS DE LACLOS

JEANNE-MARIE LEPRINCE DE BEAUMONT

Solution : Balzac. Parmi les femmes et hommes de lettres français de cette liste, il est le seul écrivain du XIXe siècle. Tous les autres sont du XVIIIe siècle.

Karma, ça s'écrit :
« K.A.R.M.A. »

Mais ça se prononce :
« Bien fait pour ta gueule ! »

Une situation indescriptible exprimable en un seul mot...

Et quel mot ! Par « *mamihlapinatapai* » est décrit « un regard partagé entre deux personnes dont chacune espère que l'autre va prendre l'initiative de quelque chose que les deux désirent mais qu'aucune n'ose commencer ». Ouf ! Pas étonnant que ce terme à rallonge ait été élu le plus synthétique au monde !

Il nous vient du yagan, une langue des autochtones d'Amérique parlée autrefois au Chili et en Argentine. Malheureusement, la dernière locutrice du yagan est décédée en février 2022…

Cristina Calderón, âgée de 93 ans lors de son décès, avait été déclarée « trésor vivant » par l'Unesco pour son rôle dans la préservation et la transmission de la langue et des traditions de son peuple. Les Yagans étaient des pêcheurs nomades, qui ont été quasiment exterminés lors de l'arrivée des colons au XIXe siècle.

On a souvent
l'impression d'avoir
rencontré tous les
connards du monde…
Et puis, là : BIM !
Un autre !

QUIZ

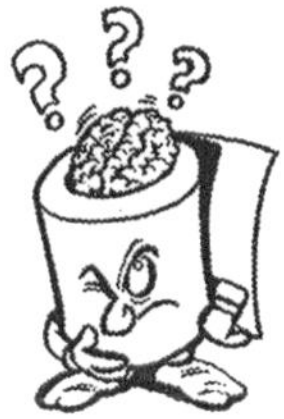

Comment s'appelle la pointe du fleuret en escrime ?

a. La mouche
b. La guêpe
c. L'abeille
d. Le bourdon

Solution : a. La mouche. Ce bouton, autrefois appelé « fleur de laine » permet d'éviter tout risque de blessure.

Humour

Léon et Mario, deux gamins, se retrouvent le lundi matin à l'école.
« Ben mince, dit Léon. Tu t'es acheté un nouveau vélo ?
– Si tu savais ce qui m'est arrivé. Figure-toi que j'étais à la campagne hier. Je me promenais sur un chemin quand est arrivée une jeune fille à vélo. Elle a engagé la conversation, et puis, tout à coup, en arrivant devant une meule de foin, elle pose sa bicyclette, retire sa culotte et puis elle me dit : "Prends ce que tu veux..." Alors, j'ai pris son vélo.
– T'as eu raison. Qu'est-ce que tu aurais foutu avec sa culotte ? »

CARRÉ MAGIQUE

DIFFICILE

Obtenez la somme de **292** sur toutes les lignes horizontales et verticales !

5			60	37	32	33	44
19	10	55	62		26	39	
	61		9	40	29	52	25
18	59	6	63	34		38	
66	11	54		50	43		31
	13	20	57	24	45	36	41
67		7	14	51	42		30
53	64	17			48	49	28

Solution page 603

« Elle est froide, mais, tu vas voir, quand t'es dedans, après, ça va... »

La phrase qui passe mieux à la mer qu'à la morgue...

Certaines personnes disent qu'elles ne sont pas nées de la dernière pluie, alors qu'on voit bien qu'elles ont été conçues dans la précipitation.

JEUX

SUDOKU

FACILE

2	8	4	6		5	9	1	7
9	5			8	1	3	4	6
1		3	4		7		5	8
3			5	6	8	7		4
8		6	1	7	9	5		3
				4			6	
4		5	7		6	1	8	9
	9	1		5		6		2
6	2	8				4		5

Solution page 611

« Je vais te faire un tour de magie en te faisant oublier que tu es con !
– Mais, je ne suis pas con…
– Tu vois, t'as oublié ! »

Pourquoi a-t-on les genoux qui craquent ?

Ou le cou, la hanche, les doigts… Un drôle de bruit, satisfaisant pour certains et horripilant pour d'autres, qui est dû à la synovie. Ce lubrifiant naturel se trouve dans une capsule protégeant l'articulation et empêchant le frottement des os les uns contre les autres. Lorsque vous vous mettez en mouvement, la pression baisse dans cet habitacle et de petites bulles se forment. Elles éclatent lorsque les os se rapprochent de nouveau, comme quand vous pliez les genoux pour faire un squat ou ramasser quelque chose au sol.

Rien là que de très bénin, donc. En revanche, si ces craquements sont apparus depuis peu et sont accompagnés de douleur ou d'une sensation de chaleur, méfiance : il s'agit peut-être d'un début d'arthrose ou d'une blessure.

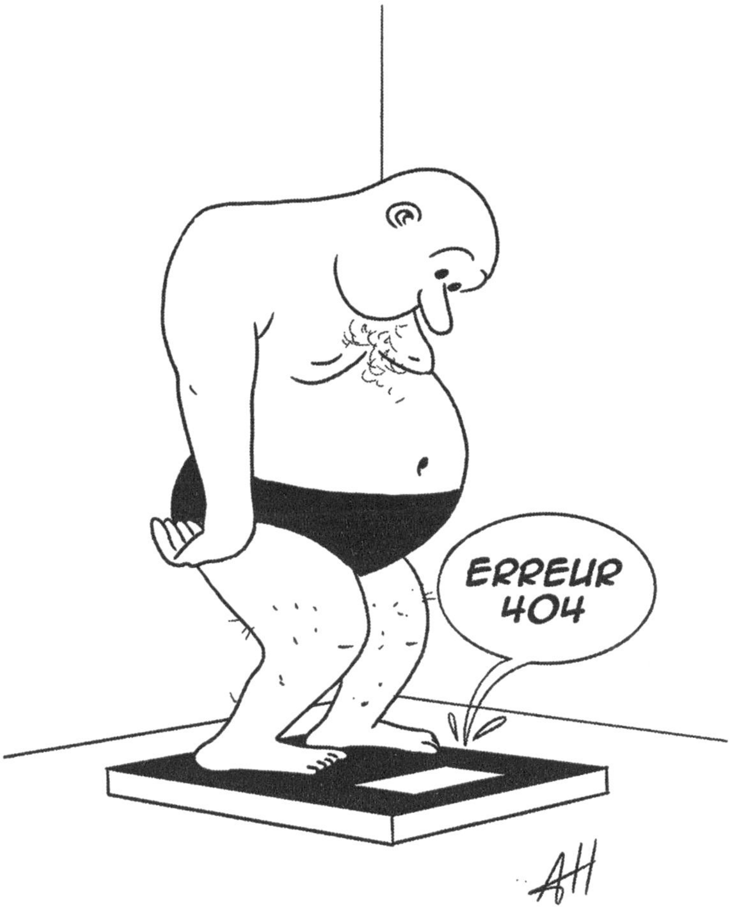
ERREUR
404

Ça secoue sur la Lune !

La Terre n'a pas le monopole des séismes : son satellite est également concerné. Les « tremblements de Lune » sont bien connus des scientifiques, qui les comparent à un tremblement de terre de force 5 sur l'échelle de Richter (nettement ressenti par la population, mais causant peu de dégâts).

La cause ? Le noyau de ce satellite naturel n'a pas fini de se refroidir. Sa température baisse graduellement, provoquant des contractions et des craquements de la croûte en surface.

Mais ce n'est pas tout : les êtres humains sont également à l'origine d'un petit « tremblement de Lune », qui survient tous les matins à la même heure… Comme l'ont découvert les chercheurs de la NASA, ces petits séismes ne sont pas dus au refroidissement de l'astre. Leur origine est à trouver du côté de la base de l'atterrisseur lunaire d'*Apollo 17*, qui grince chaque matin en se réchauffant !

Humour

Deux époux, plus tout jeunes, se sont équipés chacun, depuis peu, d'un téléphone portable.
Ils viennent tout juste d'apprendre l'usage des SMS.
Madame est plutôt du genre romantique, alors que Monsieur est plutôt très terre à terre…
Un après-midi, alors qu'elle est partie prendre le thé chez une amie, elle décide d'expérimenter les fameux textos.
Elle envoie à son mari un message tout à fait dans son style, bien romantique :
« Si tu dors, envoie-moi tes songes,
Si tu ris, envoie-moi ton sourire,
Si tu grignotes, envoie-moi un petit bout,
Si tu es en train de boire, envoie-moi une gorgée,
Si tu pleures, envoie-moi tes larmes…
Bisous. »
Le mari lui répond :
« Suis aux chiottes, j'fais quoi ? »

Les dingueries de notre corps

400 : c'est le nombre de muscles que nous mobilisons rien que pour tenir une discussion. Pelviens, faciaux, respiratoires... La synchronisation de tous ces muscles est indispensable pour parvenir à parler.

2 : c'est le nombre de pouls que l'on peut percevoir, manuellement ou avec un tensiomètre. Tout le monde connaît le premier, qui correspond à la dilatation de l'artère par le passage du sang. Le deuxième pouls, en revanche, est une découverte scientifique récente. Il intervient juste après le premier et est causé par la torsion de l'artère.

SI LA FEMME A TOUJOURS RAISON, QUI A TORT DANS UNE DISPUTE DE LESBIENNES ?

« Je suis tête anisée.

– Ça s'écrit "tétanisée".

– Non, non ! C'est juste qu'hier, j'ai bu trop de Ricard ! »

Sur la plage, Élodie dit à sa copine :
« Regarde ton mari, il discute avec une belle jeune fille !
– Oui. Et ça fait déjà un moment.
– Et… tu ne dis rien ???
– Non. Je veux voir combien de temps il peut tenir avec son ventre rentré ! »

Vrai ou faux ?

Un bon pistolet vient à bout de n'importe quel cadenas.

Faux.
En fait, il faudrait mieux un fusil d'assaut ! Contrairement à ce que les films d'action et d'espionnage nous ont laissé croire, il n'est pas si simple d'ouvrir une porte ou un coffre en tirant dessus. Un YouTubeur américain en a fait l'expérience avec un calibre 22 et avec un 9 mm : il n'est parvenu qu'à érafler l'objet...

Les étudiants apprennent à calculer en cent leçons !

LES ÉTUDIANTS APPRENNENT À S'ENCULER EN CALEÇON

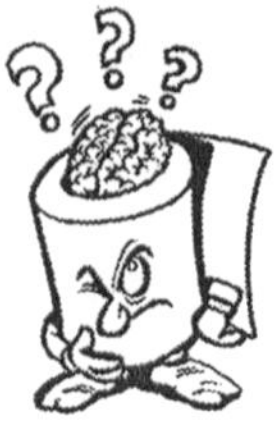

QUIZ

LES GRANDS QUIZ

Testez vos connaissances sur Édith Piaf :

1. Quel était le véritable nom d'Édith Piaf ?

a. Édith Giovanna Gassion
b. Édith Camille Gassion
c. Édith Simone Gassion
d. Édith Marie Gassion

2. En quelle année est-elle née ?

a. 1912
b. 1915
c. 1920
d. 1924

QUIZ

3. Quel était son surnom ?

a. « La Voix d'or »
b. « La Môme Piaf »
c. « La Reine de la chanson »
d. « La Diva parisienne »

4. Quelle chanson emblématique d'Édith Piaf est souvent associée à Paris ?

a. « La Vie en rose »
b. « Non, je ne regrette rien »
c. « Milord »
d. « Padam, padam… »

5. Avec quel compositeur a-t-elle enregistré « La Vie en rose » ?

a. Charles Aznavour
b. Jacques Brel
c. Yves Montand
d. Louiguy

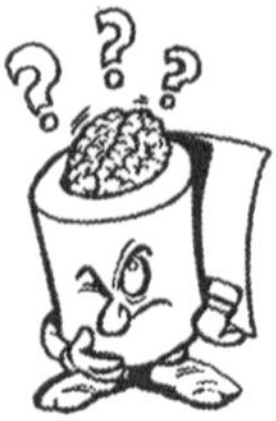

QUIZ

6. Quelle actrice a incarné Édith Piaf dans le biopic La Môme en 2007 ?

a. Marion Cotillard
b. Audrey Tautou
c. Juliette Binoche
d. Isabelle Adjani

7. Quel est le titre de l'autobiographie écrite par la chanteuse ?

a. *Ma Vie en chansons*
b. *La Vie d'une artiste*
c. *Mon histoire*
d. *Ma vie*

Solutions : 1a. Édith Giovanna Gassion – 2b. 1915 (le 19 décembre) – 3b. « La Môme Piaf » – 4d. « Padam, padam... » qui, en plus du battement amoureux du cœur, fait allusion à Paname (Paris en argot) et à sa vie parisienne – 5d. Louiguy, de son vrai nom Louis Guillaume Guglielmi (1916-1991) – 6a. Marion Cotillard – 7d. *Ma vie* (1963).

« Tu ressembles à une statue grecque.
– Mon corps sculpté ?
– Ton petit zizi. »

JEUX

MOTS MÊLÉS

Écrivains américains

Saurez-vous retrouver chacun des mots cachés dans ce tableau ?

Les mots peuvent être écrits horizontalement, verticalement, en diagonale ou à l'envers.

Mots à trouver :

1) AUSTER
2) BALDWIN
3) DICKINSON
4) FAULKNER
5) FITZGERALD
6) HAWTHORNE
7) HEMINGWAY
8) IRVING
9) KEROUAC
10) KING
11) MELVILLE
12) MORRISON
13) POE
14) SALINGER
15) STEINBECK
16) THOREAU
17) TWAIN
18) VONNEGUT
19) WHITMAN
20) WOLFE

JEUX

O	I	K	B	J	V	B	F	B	C	T	Z	E	F	N	L	A	F	Z	E
Y	O	E	T	W	L	B	O	J	N	F	G	Z	N	B	C	D	O	F	K
R	H	R	I	I	T	H	E	K	Q	Y	O	K	F	G	J	J	L	Q	K
D	Z	O	Y	T	Z	V	A	D	L	N	F	Z	U	B	U	O	Z	H	V
I	R	U	T	S	X	Y	A	W	G	N	I	M	E	H	W	Y	T	D	B
O	R	A	U	A	E	R	O	H	T	B	B	S	G	J	M	Z	I	I	Z
O	E	C	C	A	X	H	U	W	E	H	V	W	F	L	B	C	K	U	L
G	H	X	G	M	H	V	E	P	C	L	O	Z	K	P	K	W	W	X	O
T	K	X	O	M	I	V	U	I	U	V	L	R	B	I	V	J	W	T	Ç
P	B	A	L	D	W	I	N	D	J	D	B	I	N	T	W	A	I	N	P
S	F	R	X	D	H	N	R	M	L	W	I	S	V	E	Z	U	P	P	B
U	G	C	V	O	C	M	Y	E	L	A	O	A	Q	L	K	H	S	K	L
O	N	D	S	D	K	O	U	V	N	N	R	O	U	C	E	L	Q	Z	Q
B	A	H	X	A	K	R	S	E	O	K	D	E	E	S	O	M	S	A	B
Y	M	A	K	I	L	R	Y	G	F	N	L	B	G	V	T	B	R	M	H
Z	T	X	N	R	Y	I	T	V	V	I	N	U	C	Z	K	E	J	I	I
N	I	G	A	V	U	S	N	V	H	I	T	E	A	A	T	B	R	P	Y
A	H	P	Y	I	S	O	D	G	E	Z	J	I	G	F	P	I	L	A	L
Q	W	F	N	N	G	N	F	T	E	O	P	K	K	U	T	M	F	I	V
P	S	Ç	A	G	Q	P	S	A	C	R	I	Y	G	O	T	I	V	T	W

Solution page 607

Je suis souvent considéré comme l'essence de la vie, mais je ne respire pas. Je suis visible, mais je ne suis pas un solide. Si tu me donnes un baiser, je peux te sauver, mais je peux aussi te tuer.

Qui suis-je ?

Solution : Je suis le dioxygène ou, plus communément, l'oxygène. Gazeux dans des conditions normales de température et de pression, je suis constitué de molécules visibles au microscope. Je suis indispensable à la plupart des formes de vie actuelles (et à l'homme), mais je peux aussi provoquer la mort quand je suis en saturation dans le sang.

On parie que vous allez vérifier

Votre pouce a la même
longueur que votre nez.

Votre pied a exactement la même
longueur que votre avant-bras.

Et si vous avez un peu de temps
à perdre : mesurez vos pieds ce matin,
puis cet après-midi… et comparez !
Vous serez probablement surpris de
constater que vos pieds sont un peu
plus longs en fin de journée !

Les étapes d'une relation :
Alex
Alexou
Mon bébé
Mon amour
Alexandre
Boulet
+33 732129005
Bloqué

1 000 : c'est le nombre de litres d'eau par jour qu'un Romain de l'Antiquité pouvait utiliser pour… se laver. Un nombre **7** fois supérieur à celui d'un Français aujourd'hui. Ça en fait des douches et des bains…

1 750 : c'est le nombre de kilomètres carrés qui seraient nécessaires pour parquer la totalité de l'humanité. Cela correspond à peu près à la surface de la Guadeloupe. Pas si énorme, n'est-ce pas ? Pour cela, il faudrait que **4** êtres humains se tiennent serrés dans un espace d'**1** m^2.

CAFÉ + LAIT : LE COMBO GAGNANT ?

Vous ne commencez jamais votre journée sans une petite noisette ou un délicieux café latte ? Eh bien, la recherche scientifique semble prouver que cette habitude est positive ! En effet, les polyphénols antioxydants présents dans le café ont la particularité de se combiner avec les protéines de la boisson lactée.

En se liant, ils boostent leurs propriétés anti-inflammatoires respectives, déclenchant une réaction immunitaire complexe et bénéfique à l'organisme. Lutter contre une inflammation excessive des cellules du corps est intéressant pour limiter l'apparition de maladies comme le diabète de type II, la maladie de Parkinson ou encore la maladie d'Alzheimer.

Attention, toutefois : si la consommation de lait couplée à celle de café paraît bénéfique dans une certaine mesure, il vaut mieux ne pas en abuser. D'autres études scientifiques pointent du doigt les conséquences délétères sur l'organisme des produits laitiers, qui favoriseraient certaines pathologies… En conclusion : comme pour beaucoup de choses, la modération est de mise !

JEUX

SUDOKU

DIFFICILE

1		8				9		
					6			3
4			3			1		
					2	3	5	
	6		5		4		7	
	7	1	8					
		4			8			6
6			2					
		2				7		8

Solution page 611

Selon une étude, enlever ses lunettes pour lire son relevé de compte le renfloue !

120 KG
60 KG
AH

Quand quelqu'un
me dit :
« Fais comme chez toi ! »
Je le fous dehors,
car j'aime pas
les visites.

CARRÉ MAGIQUE

FACILE

Obtenez la somme de **275** sur toutes les lignes horizontales et verticales !

67	85	28		49
88	31		52	70
19		55	73	91
	58	76	79	22
61	64		25	43

Solution page 603

« Tu es magnifique…
– Je suis fiancée !
– On n'a pas encore commencé à discuter que, déjà, tu me racontes tes problèmes !!! »

« C'est quoi ta position sexuelle préférée ?

– Je suis déjà content quand je suis concerné. »

POUR COGITER…

« On devrait toujours se voir comme des gens qui vont mourir le lendemain. C'est le temps qu'on croit avoir devant soi qui nous tue. »

Elsa Triolet

Les dingueries de nos amies les bêtes

10 : c'est le nombre de kilos d'excréments que produit un panda par jour. Qu'à cela ne tienne : une papeterie chinoise a décidé de recycler ces crottes, riches en fibres, pour fabriquer des mouchoirs, du papier toilette et des nappes… Sans commentaire.

99 : c'est le nombre d'années en millions depuis lesquelles les tiques jouent les parasites. En effet, des scientifiques américains ont découvert un de ces insectes suceurs de sang accroché aux plumes d'un fossile de dinosaure !

Le saviez-vous ?

Toutes les raisons qui font que les avions sont blancs

C'est vrai, ça… Pourquoi la quasi-totalité des avions sont-ils immaculés, et pas jaune poussin ou violets avec des fleurs ? En réalité, l'industrie aéronautique a de très bons arguments pour préférer le blanc épuré :

1. C'est une couleur économique, qui ne coûte pas cher à l'application et à l'entretien.
2. Elle est très voyante, aussi bien par les autres pilotes et les tours de contrôle que par les… oiseaux.
3. Le blanc réfléchit le soleil, permettant ainsi une température plus fraîche au sein de la carlingue.
4. Enfin, il permet de repérer rapidement une fuite ou un souci technique.

Toutefois, l'avènement du tourisme de masse a un peu changé la donne. De nombreuses compagnies aériennes se permettent désormais quelques fantaisies en matière de liserés et de finitions : bleu pour Lufthansa, orange pour EasyJet, jaune pour Vueling… L'idée est simple : attirer l'attention et renforcer son image de marque !

QUIZ

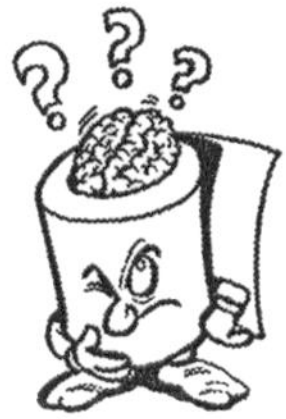

Quel est le plus petit chien du monde ?

a. Le chihuahua
b. Le yorkshire
c. Le bichon
d. Le spitz nain
e. Le shih tzu

Solution : a. Le chihuahua.

Ce concept de mettre des lundis après les dimanches, j'accroche pas trop.

« Ma chérie, si on essayait la levrette ?
– Mais c'est quoi, ça ?
– C'est comme quand les chiens baisent…
– Ah, OK… Mais, alors, dans une rue où on ne nous connaît pas… »

Humour

Un client, tout débrayé, entre dans un bar, va au comptoir et passe une commande :
« Patron ! Un double whisky, s'il vous plaît, avant que ça ne commence. »
Le barman le sert et lui laisse siroter son verre tranquillement.
Un quart d'heure plus tard :
« Patron ! Remettez-moi un double whisky avant que ça ne commence. »
Il lui ressert sa double dose mais, méfiant, va se poster au bout du comptoir pour l'observer.
Dix minutes plus tard, l'homme repasse une commande :
« Patron ! Un double whisky et tout de suite ! Avant que ça ne commence !
– D'accord, monsieur. Pas de problème, mais il faudrait penser à me régler les premiers verres.
– Et voilàààà ! Ça commence ! »

« Mais vous les prenez bien, vos médicaments contre la cirrhose ?
– Bien sûr, docteur… J'arrête pas de m'enfiler des litres où c'est écrit Médoc, Médoc, Médoc… »

LABYRINTHE

FACILE

Charade

Mon **premier** est un état de **CONSCIENCE ALTÉRÉ**,

Mon **deuxième** est un **OISEAU SOUVENT NUISIBLE**,

Mon **troisième** est un **RONGEUR GRIGNOTANT** dans l'ombre,

Mon **quatrième** est la terre de **DAVID**,

Mon **tout** est un processus **CORPOREL VITAL**.

Solution : Transpiration (Transe-Pie-Rat-Sion).

... « ELLE A VRAIMENT UN NOM À COUCHER DEHORS ! »

Et pourquoi devrait-on dormir à la belle étoile lorsqu'on a un patronyme inhabituel ? ***Eh bien, en raison d'une coutume remontant aux temps du Moyen Âge...*** À l'époque, lorsque l'on prétendait trouver le gîte et le couvert dans une auberge à la nuit tombée, il fallait décliner son nom et son prénom. Si le manant avait un nom peu « ***chrétien*** », il risquait malheureusement de voir la porte rester close ! Même au temps de Napoléon, les habitants des villages refusaient fréquemment l'hospitalité aux soldats dont le nom n'était pas assez français à leur goût...

Je ne suis
JAMAIS énervé
quand je suis
tout seul, donc le
problème ne vient
pas de moi.

« Rémy, si j'avais su que tu étais si pauvre, je ne me serais jamais mise en couple avec toi !

– Ben, je t'avais avertie…

– Comment ça ?

– Je t'ai toujours dit que tu es tout ce que j'ai. »

Et si on pêchait des lottes ?

ET SI ON LÉCHAIT DES POTES ?

Le saviez-vous ?

« *It's a small, small world...* »

... Voilà, c'est cadeau, vous l'avez dans la tête. La célèbre chanson de l'attraction de Disneyland est bien connue pour son potentiel à rester dans la tête. Si vous faites partie de ces personnes qui se débattent en permanence avec une mélodie insistante, suivez le guide :

- **Faites des anagrammes !**

Une étude scientifique américaine a prouvé qu'il s'agissait d'un des meilleurs moyens de se débarrasser d'une chanson dans la tête. La technique fonctionne encore mieux avec des anagrammes composées d'au moins cinq lettres (dur, dur !). Les grilles de Sudoku fonctionnent également bien.

- **Mastiquez !**

De préférence un chewing-gum ou un bâton de cannelle. Une astuce redoutable pour que votre cerveau se focalise sur autre chose.

- **Tapotez sur la table !**

Un geste répétitif et machinal, comme taper de l'index sur une surface ou appuyer sur une seule touche d'ordinateur, pourrait aider à éliminer une pensée obsessionnelle.

- **Chantez la chanson en entier !**

En effet, le cerveau déteste les actions inachevées et, vu que nous ne connaissons généralement qu'un tout petit extrait de la chanson, il « reboucle ». Le remède consisterait donc à s'obliger à écouter, voire à fredonner, le morceau dans son intégralité.

J'HABITE DEPUIS PEU À PARIS...
AH, ET T'HABITAIS OÙ?
ICI, JE VAIS TE LA MONTRER...

JEUX

SUDOKU

FACILE

5		9	2	4	1	7		6
	6	1				5	2	9
	8	7		5	9		4	3
8	1	3	5			9	7	4
			3	7				
6	7			9		3	5	2
1		8				6	3	7
7	2	6		8	3			
3	4		7	1	6		9	8

Solution page 611

Chez le médecin :
« Monsieur, votre femme est enceinte.
– Mais... c'est impossible ! J'ai bien fait attention !
– Vous savez, c'est comme sur la route. Vous faites attention, mais pas les autres ! »

JEUX

MOTS CROISÉS

HORIZONTALEMENT

1. Séquences de notes musicales
2. Recouvrant d'une couche d'étain
3. Formations rocheuses volcaniques – Arbre à fruits rouges
4. Technique de décoration de surface métallique en incrustant un alliage dans des sillons gravés
5. Romancier hongrois – Adjectif possessif
6. Axe routier – Ici, en ces lieux
7. Inaugurai
8. Fer – Moitié d'une mouche

VERTICALEMENT

I. Sinuosités
II. Existaient
III. Dispositif émettant un rayonnement lumineux amplifié par émission stimulée de radiation – Rutherfordium
IV. Olympique de Marseille – Établissement d'enseignement secondaire
V. Mollusque marin vivant dans les sédiments – Pronom adverbial
VI. Déshonorant
VII. Conjonction de coordination – Perturbas
VIII. Libérateur attendu

JEUX

	I	II	III	IV	V	VI	VII	VIII
1								
2								■
3				■			■	
4								
5					■			
6			■					
7								
8		■			■			

Solution page 615

Se rencontrer. Se parler.

S'attacher. S'aimer. S'embrasser.

Se disputer. Se quitter.

L'enterrer au fond du jardin.

Quel nombre complète cette suite ?

6, 9, 12, 18, 24, 36, ...

Le nombre que l'on ajoute pour obtenir le prochain est deux fois de suite le même avant de doubler dans la série suivante :
6 + 3 = 9
9 + 3 = 12
12+ 6 = 18
18+ 6 = 24
24+ 12 = 36
Ainsi, le prochain nombre sera :
36+ 12 = 48

MOTS MÊLÉS

Football

Saurez-vous retrouver chacun des mots cachés dans ce tableau ?

Les mots peuvent être écrits horizontalement, verticalement, en diagonale ou à l'envers.

Mots à trouver :

1) ARBITRE
2) ATTAQUE
3) BALLON
4) BUT
5) CARTON
6) CORNER
7) COUPE
8) DEFENSE
9) DERBY
10) DRIBBLE
11) ENTRAINEMENT
12) GARDIEN
13) MATCH
14) PENALTY
15) SIFFLET
16) STADE
17) SUPPORTERS
18) TACLE
19) TACTIQUE
20) VICTOIRE

JEUX

J	I	W	O	F	P	V	F	R	Ç	T	E	L	F	F	I	S	J	V	E
W	Ç	V	Z	J	E	E	R	I	O	T	C	I	V	N	C	P	Y	N	V
H	I	S	T	F	N	R	S	S	D	K	O	L	C	L	O	Ç	C	E	J
O	M	Z	L	O	A	G	C	E	U	C	N	K	K	O	U	Y	T	I	T
H	J	D	W	S	L	J	R	O	U	P	O	U	G	J	P	Z	V	D	G
O	E	W	B	O	T	B	K	L	P	K	P	C	Y	R	E	V	J	R	B
V	T	C	Y	K	Y	N	W	N	D	N	U	O	K	J	C	W	C	A	Q
Q	P	O	H	O	Y	E	O	F	S	E	N	N	R	O	Z	M	S	G	F
B	Ç	R	Y	H	T	T	O	R	P	O	R	A	T	T	A	Q	U	E	J
G	S	N	Y	U	R	N	X	Z	L	N	M	T	T	N	E	P	Y	S	X
Z	P	E	Ç	A	H	T	E	L	Q	E	D	X	I	M	Z	R	X	N	S
Y	W	R	C	Q	D	U	A	M	D	I	W	J	N	B	Ç	H	S	C	B
B	P	W	K	C	D	B	T	A	E	R	G	Z	V	Z	R	T	O	X	D
L	X	I	N	F	E	I	T	M	T	N	B	T	X	H	K	A	X	A	F
R	R	L	U	P	E	S	Z	X	L	H	I	K	Z	I	C	C	B	O	Y
S	Ç	D	T	L	Q	L	N	N	W	K	Ç	A	L	G	V	T	H	S	I
Z	O	B	C	Z	M	H	F	E	L	B	B	I	R	D	R	I	A	W	M
C	V	A	P	N	V	G	L	S	F	I	Y	Y	R	T	G	Q	S	M	Y
J	T	E	T	Ç	R	R	U	E	U	E	P	D	G	D	N	U	C	Q	B
B	K	U	I	J	S	N	E	W	H	Z	D	L	S	Ç	V	E	M	M	X

Solution page 607

Psychologue :
250 euros.
Va te faire enculer :
zéro euro.

Dans la vie, il y a
des solutions qui n'ont
pas de prix.

CHOISISSEZ BIEN VOS MOTS.

Par exemple, bizarrement, votre femme préfère que vous lui disiez que vous la trouvez « enivrante » plutôt que « soûlante ».

LES CARPES DISENT-ELLES « HUMAIN DIEM » ?

CARRÉ MAGIQUE

MOYEN

Obtenez la somme de **328** sur toutes les lignes horizontales et verticales !

22	134		46
	62	70	
78			54
	38	30	142

Solution page 603

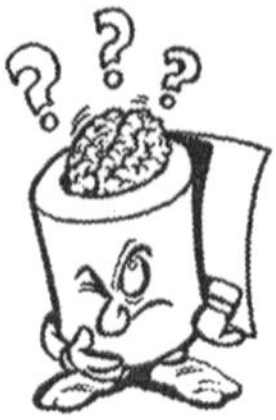

QUIZ

On situe l'apparition de l'homme à :

a. Il y a 15 millions d'années
b. Il y a 10 millions d'années
c. Il y a 7 millions d'années
d. Il y a 5 millions d'années
e. Il y a 3 millions d'années

Solution : e. Il y a 3 millions d'années.

Dick Rivers
Cock Robin
Bronski Beat

Autant de chanteurs
avec un bel organe.

Peut-on boire trop... jusqu'à en mourir ?

Pas la peine de ménager le suspense : c'est théoriquement possible. En 2014, une jeune Californienne a perdu la vie en participant à un stupide concours organisé par une radio locale. Le but était de boire le plus d'eau possible tout en se retenant d'aller au petit coin. Après avoir bu cinq bouteilles en un temps record, elle a dû quitter son travail en raison de violents maux de tête. La mère de famille a été retrouvée morte le lendemain…

Mais que lui est-il arrivé ? Cette Américaine a vraisemblablement été victime d'une intoxication à l'eau. En cas d'ingestion massive d'élément liquide, l'augmentation brutale des fluides corporels augmente la pression exercée sur le cerveau. Le sang devient également plus dilué. Migraine, perte de connaissance, nausée… Autant de symptômes qui peuvent mener inéluctablement au décès. Mais rassurez-vous, il y a très peu de chances que cela vous arrive, même si vous avez vidé votre gourde d'un trait !

QUEL EST L'INTRUS ?

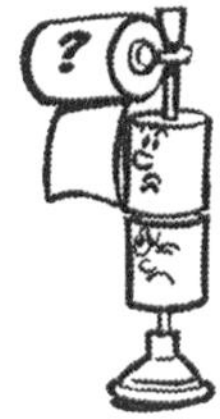

ROSE

TULIPE

LYS

FOUGÈRE

MARGUERITE

ORCHIDÉE

PIVOINE

COQUELICOT

PRIMEVÈRE

CHRYSANTHÈME

HORTENSIA

Solution : Fougère. Elle est la seule plante parmi toutes ces fleurs.

33 : c'est le pourcentage de Français qui jettent du pain ou des fruits non consommés au moins une fois par mois (**31** % pour les légumes). Un énorme gaspillage qui pourrait certainement être évité...

110 000 : c'est le nombre de particules de plastique contenues dans une seule bouteille d'eau d'un litre. On ne le répétera jamais assez : privilégiez les gourdes réutilisables !

Un Polonais va chez l'ophtalmo. Celui-ci lui montre les lettres sur le mur :

CZJWOBUHTAWCZ

« Vous pouvez lire cette ligne ?

– Non seulement je peux la lire, mais je connais ce gars ! »

5 BONNES RAISONS DE SE MASTURBER

Si nos ancêtres très lointains se masturbaient déjà il y a 40 millions d'années, ce n'est pas (que) pour le plaisir.

La masturbation :

1. aide à être en bonne santé (en augmentant la production de globules blancs et en limitant les infections génitales) ;

2. est la meilleure amie des insomniaques (l'essor des hormones donne un coup de pouce pour s'endormir) ;

3. soulage la douleur des règles, les migraines et autres maux (merci les endorphines !) ;

4. favorise la fertilité (en boostant la fabrication de sperme frais) ;

5. permet de mieux connaître son corps (et ce, à tout âge).

QUELLE CLÉ EST UNIQUE ?

Solution : 6.

La première fois
que je t'ai vu,
je n'imaginais pas
t'aimer un jour.

Et, effectivement, je ne
t'aime toujours pas.

Élodie entre dans un bureau de tabac et demande en hurlant : « UN CARNET DE TIMBRES, S'IL VOUS PLAÎT !!!
– Pas la peine de crier comme ça, répond le buraliste agacé. Je ne suis pas sourd ! Avec ou sans filtre ? »

Vrai ou faux ?

Au Moyen Âge, on jetait de l'huile bouillante du haut des remparts.

Faux.
Ce produit de première nécessité était bien trop onéreux pour être gaspillé de cette manière. Pour repousser les assaillants des cités, les soldats préféraient jeter des pierres ou de la chaux vive. Encore une idée erronée propagée par le 7e art.

JEUX

SUDOKU

FACILE

3	7	8	5	4	6	2	1	9
	9						4	
4	5	2	9	1			8	6
7						8	3	
5	1	9	3	2	8		6	
8		3					5	
2	8	7	6		1		9	4
			4		7		2	3
1	3	4	2		9		7	

Solution page 612

Humour

En arrivant le matin devant le presbytère, un entrepreneur dit à son maçon Roberto, un Portugais de 35 ans :

« Va dire à la religieuse que nous sommes arrivés pour réparer son mur. »

Roberto sonne à la porte et dit à la religieuse :

« Zé viens faire la mour.

– Il n'en est pas question, malotru ! »

Et elle lui claque la porte au nez.

Le maçon revient vers l'entrepreneur :

« Elle veut pas !

– Comment ça, elle veut pas ? Qu'est-ce que tu lui as dit ?

– Z'ai dit : “Ze viens faire la mour.”

– Ouais, et qu'est-ce qu'elle t'a répondu ?

– Elle a dit : “Non, mal au trou !” »

Le saviez-vous ?

La genèse du succès des podcasts

Faites-vous partie des 37 % de Français qui écoutent des podcasts tous les mois ? À contre-courant de la tyrannie de l'image, ces contenus audio connaissent une popularité grandissante depuis quelques années. Un Français sur deux en a déjà écouté un et, parmi ceux qui n'en ont jamais écouté, 20 % comptent le faire dans un futur proche. En mars 2024, plus de 175 millions de podcasts français ont été écoutés ou téléchargés dans le monde, dont 136 millions rien qu'en France.

Pourtant, le premier podcast de l'histoire est passé complètement inaperçu. Le développeur de logiciels Dave Winer, assisté par le video-jockey Adam Curry et l'entrepreneur Tristan Louis, met en ligne le premier contenu audio en 2001. Il s'agit tout simplement de l'enregistrement d'une chanson, « US Blues », des Grateful Dead.

Trois ans plus tard, les informaticiens mettent au point un procédé pour extraire des contenus audio depuis un flux RSS et les importer dans un iPod. Un journaliste du *Guardian* a alors l'idée d'appeler ce nouveau format un « *podcast* » (*pod* pour « iPod » et *cast* pour *broadcast*, « enregistrement » en anglais).

En 2006 naît la toute première émission de podcasts : « This American Life », qui devient très populaire aux États-Unis. L'essor des smartphones, tels que le fameux iPhone, contribue à fournir un auditoire de plus en plus large. La presse s'en mêle ; chaque grand média se doit désormais d'avoir son podcast.

Aujourd'hui, environ 2,5 millions de podcasts différents existent dans le monde ! Personnalités publiques, influenceurs ou médias traitent de sujets de société, de nutrition, de développement personnel ou encore d'enquêtes policières. Spotify y est pour beaucoup, elle qui a pour ambition de devenir la première plateforme mondiale de contenus audio.

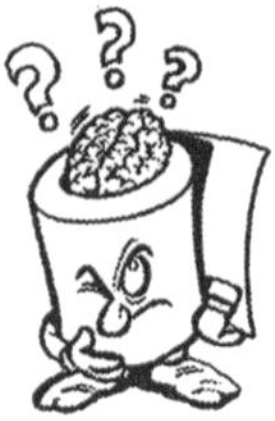

QUIZ

Quelle guerre a vu l'utilisation pour la première fois de la bombe atomique ?

a. La Première Guerre mondiale
b. La guerre du Golfe
c. La Seconde Guerre mondiale
d. La guerre de Corée

Solution : c. La Seconde Guerre mondiale. La bombe atomique a été utilisée pour la première fois à la fin de celle-ci, sur les villes japonaises d'Hiroshima et de Nagasaki, respectivement les 6 et 9 août 1945.

Elle a perdu
son image sur
la plaine.

ELLE A PERDU
SON HYMEN SUR
LA PLAGE.

Charade

Mon **premier** est une **LETTRE DE L'ALPHABET**,

Mon **deuxième** est une **BOISSON CHAUDE**,

Mon **troisième** est une **PLANTE CULTIVÉE** pour ses grains,

Mon **quatrième** est un **ÉLÉMENT DE TISSU** qui transmet des impulsions nerveuses,

Mon **tout** est un **MÉDECIN**.

Solution : Vétérinaire (V-Thé-Riz-Nerf).

LABYRINTHE

FACILE

Humour

La femme de Bernard vient de décéder. Il doit faire face à de nombreuses dépenses liées à ces circonstances mais veut absolument une messe digne de ce nom en hommage à son épouse. Le curé lui annonce les tarifs : 250 euros pour la messe de 9 heures, 400 euros pour celle de 11 heures et 600 euros pour celle de 16 heures.
« Ah oui… C'est pas donné, mon père !
– Vous savez, l'église a besoin d'être entretenue et ça coûte cher.
– Mais ma famille n'est pas riche, mon père…
– Personne ne peut vous aider ?
– Non. Je n'ai qu'une sœur et elle est rentrée dans les ordres.
– Ah bon ? Vous avez une sœur mariée à Dieu ?
– Oui. Maintenant que j'y pense, mettez-moi la messe de 16 heures et envoyez la facture à mon beau-frère ! »

J'avais une blague sur la croissance française, mais elle est nulle...

« Je te quitte.
– C’est bien.
– Tu ne retrouveras jamais une fille comme moi…
– C’est très bien. »

Noël a trop par rapport à Léon.

Qu'est-ce que cette phrase a de spécial ?

Solution : c'est un palindrome, c'est-à-dire elle se lit indifféremment de gauche à droite que de droite à gauche.

Une très jolie femme, Sandy, frappe à la porte de son voisin et lui dit :
« J'ai une envie folle de m'amuser, de me saouler et de faire la fête toute la nuit… Êtes-vous occupé ce soir ?
– Non, répond le voisin, tout heureux.
– Alors… vous pouvez garder mon chien ? »

Les dingueries de notre corps

3 : c'est le nombre de centimètres que vous pouvez gagner en vous mesurant le matin. Eh oui : tout au long de la journée, nos disques vertébraux se tassent petit à petit en raison de notre position debout ou assise. Nous perdons ainsi en moyenne un à trois centimètres jusqu'au soir. La nuit, en position couchée, nos disques composés de cartilage élastique reprennent leur format initial.

50 : c'est le nombre de tonnes de nourriture que nous engloutissons tout au long de notre vie. Cela représente tout de même **1,8** kilo d'aliments par jour qui remplissent notre estomac.

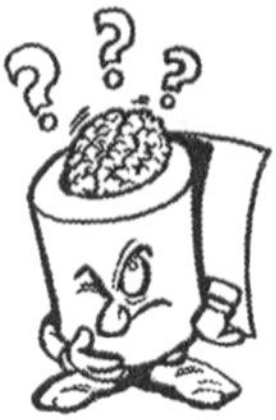

QUIZ

LES GRANDS QUIZ

Testez vos connaissances sur la tour Eiffel :

1. Quelle est la hauteur exacte de la tour Eiffel, incluant les antennes ?

a. 320 mètres
b. 330 mètres
c. 340 mètres
d. 350 mètres

2. Combien de marches composent l'escalier menant à son sommet ?

a. 1 465 marches
b. 1 565 marches
c. 1 665 marches
d. 1 765 marches

3. Combien d'ampoules illuminent la tour Eiffel chaque nuit ?

a. 10 000 ampoules
b. 20 000 ampoules
c. 30 000 ampoules
d. 40 000 ampoules

QUIZ

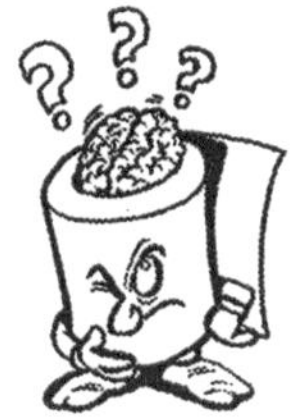

4. Qui a conçu la structure métallique de la tour Eiffel ?

a. Victor Hugo
b. Auguste Bartholdi
c. Ferdinand de Lesseps
d. Gustave Eiffel et son entreprise

5. En quelle année la tour Eiffel a-t-elle été inaugurée ?

a. 1879
b. 1885
c. 1889
d. 1895

6. Combien de millions de visiteurs accueille-t-elle chaque année en moyenne ?

a. Environ 3 millions de visiteurs
b. Environ 7 millions de visiteurs
c. Environ 10 millions de visiteurs
d. Environ 15 millions de visiteurs

7. La tour Eiffel a-t-elle été construite à l'origine comme une installation permanente ?

a. Oui
b. Non

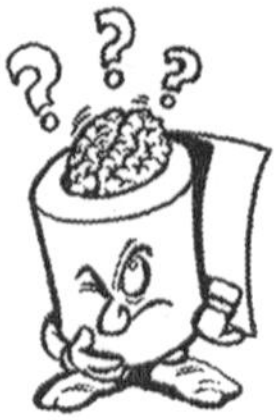

QUIZ

8. Quelle était sa couleur lors de son inauguration ?

a. Jaune
b. Rouge-brun
c. Vert
d. Blanc

9. Combien de pièces métalliques composent la tour Eiffel ?

a. Environ 5 000 pièces
b. Environ 10 000 pièces
c. Environ 15 000 pièces
d. Environ 18 000 pièces

10. Quel était le coût de construction de la tour Eiffel en francs français de l'époque ?

a. Environ 1,5 million de francs-or
b. Environ 3,5 millions de francs-or
c. Environ 5,5 millions de francs-or
d. Environ 7,8 millions de francs-or

QUIZ

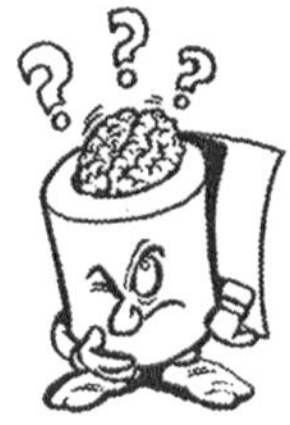

11. Au bout de combien de temps était-il prévu de la démonter lorsque sa construction a commencé ?

a. 10 ans
b. 20 ans
c. 30 ans
d. 40 ans

12. Quel événement a incité Gustave Eiffel à ajouter une antenne à la tour Eiffel, la sauvant du démontage ?

a. L'installation d'une antenne de télévision
b. L'installation d'une antenne radar
c. L'installation d'une antenne de télégraphie sans fil
d. L'installation d'une antenne de téléphone

Solutions : 1b. 330 mètres – 2c. 1 665 marches – 3b. 20 000 ampoules (de 100 modèles différents) – 4d. Gustave Eiffel et son entreprise – 5c. 1889 – 6b. Environ 7 millions de visiteurs – 7b. Non, elle a été construite comme une structure temporaire pour l'Exposition universelle de 1889 – 8b. Rouge-brun – 9d. Environ 18 000 pièces – 10d. Environ 7,8 millions de francs-or – 11b. 20 ans – 12c. L'installation d'une antenne de télégraphie sans fil (TSF).

Le saviez-vous ?

Connaissez-vous la signification des mois de l'année ?

Tout comme celui des jours, le nom des mois a été inspiré aux Romains par leurs divinités, mais aussi par des mots latins…

Janvier : une référence à Janus, le dieu romain des commencements et des fins.

Février : ce mot vient du latin *februum*, soit la « purification », car c'était le mois traditionnel des ablutions rituelles.

Mars : une référence à Mars (Arès dans la mythologie grecque), le dieu romain de la guerre.

Avril : une jolie signification ! *Aprire*, soit « ouvrir » en latin, allusion aux pétales des fleurs qui s'épanouissent le printemps venu.

Mai : une référence directe à Maia, une divinité primitive associée à la fertilité et à la croissance.

Juin : de Junon (Héra), femme de Jupiter (Zeus) et déesse du mariage et de la fécondité.

Juillet : changement de registre, car il s'agit d'un hommage à Julius Caesar (Jules César), créateur du calendrier romain.

Août : encore un hommage, cette fois-ci à Auguste, le premier empereur de Rome.

Septembre : pour la fin de l'année, les Romains ont eu un peu moins d'imagination ! Le septième mois de l'année vient tout simplement du mot latin *septem* pour « sept ». Non, vous n'avez pas mal compté, il faut juste savoir que mars était le premier mois de l'année dans le calendrier romain.

Octobre : dans la même logique, *octo* pour « huit ».

Novembre : … *novem* pour « neuf ».

Décembre : … et *decem* pour « dix » !

CARRÉ MAGIQUE

DIFFICILE

Obtenez la somme de **276** sur toutes les lignes horizontales et verticales !

	58	61		35	26	45	32
	12	55	6	33	28	39	38
8	53	66	11		37		43
14	15		57	30		36	41
62	63		9	46	47	20	
56	5	18	59		21	50	
17		7	54	49		23	22
51	10	13		19	42		48

Solution page 603

LE POURQUOI DU COMMENT

Bouuuuh, l'effrayant fantôme...

Ils hantent les cachots des châteaux en ruine et rôdent parfois jusque dans nos rêves… mais, minute, pourquoi les fantômes arborent-ils toujours un drap blanc dans l'imaginaire collectif ? Sachez qu'il ne s'agit pas d'une vulgaire housse de couette, mais bel et bien d'un linceul. À l'époque du Moyen Âge, on commence à envelopper les morts dans un tissu immaculé, cette couleur symbolisant la pureté de l'âme du défunt. Au cours du XIXe siècle, la grande popularité des séances de spiritisme est à l'origine d'un fantasme effrayant : on imagine l'âme s'échapper du corps, soulevant ainsi le linceul dans les airs comme s'il flottait. Et pourquoi les esprits traînent-ils parfois derrière eux une chaîne en fer et un boulet ? C'est une métaphore du poids qui les retient sur Terre, les empêchant d'accéder à l'au-delà. Voilà, maintenant, si vous croisez un fantôme, vous saurez à quoi vous en tenir (mais ça ne vous empêchera pas de hurler).

BRUCE LIT

MOTS MÊLÉS

Normandie

Saurez-vous retrouver chacun des mots cachés dans ce tableau ?

Les mots peuvent être écrits horizontalement, verticalement, en diagonale ou à l'envers.

Mots à trouver :

1) BATEAUX
2) BOCAGE
3) CALVADOS
4) CAMEMBERT
5) CIDRE
6) DEAUVILLE
7) DRUIDE
8) FROMAGE
9) HARAS
10) HISTOIRE
11) HONFLEUR
12) LIN
13) LITTORAL
14) MANOIR
15) NORMAND
16) PLUIE
17) POMME
18) ROUEN
19) TAPISSERIES
20) VIKING

JEUX

E	D	I	U	R	D	Z	R	I	G	Q	J	D	E	E	M	T	G	T	U
B	H	P	T	G	N	Ç	W	T	H	Z	L	F	E	R	J	F	P	T	H
Z	E	W	Y	Ç	H	U	M	Y	T	L	R	K	L	D	J	F	N	V	A
P	O	Z	V	W	O	R	F	T	C	A	Ç	Y	L	I	J	D	D	T	R
S	Ç	U	L	L	N	N	R	L	L	S	L	C	I	C	Y	Ç	R	P	A
V	I	Ç	R	Ç	F	D	E	M	M	O	P	K	V	Q	M	V	T	D	S
F	W	V	J	U	L	S	J	I	K	D	A	N	U	X	L	I	Z	B	N
Ç	F	R	V	H	E	G	O	B	Z	A	G	Ç	A	T	H	K	N	Z	O
A	J	I	N	E	U	O	R	X	C	V	G	V	E	P	I	I	U	G	R
K	M	O	N	Z	R	X	S	X	E	L	M	G	D	A	S	N	M	M	M
P	G	N	D	T	N	Y	G	I	I	A	B	B	R	U	A	G	D	Q	A
U	A	A	L	M	J	R	E	J	M	C	T	J	A	S	G	Q	J	Ç	N
O	Y	M	Y	P	K	H	J	R	N	D	T	D	L	T	I	Y	Q	N	D
N	T	A	P	I	S	S	E	R	I	E	S	H	A	A	E	J	M	Ç	I
S	L	U	D	D	Z	B	Y	Q	L	O	K	A	O	E	G	A	C	O	B
H	Ç	J	N	W	Y	G	P	N	S	J	T	U	Ç	Q	J	K	U	T	X
D	Z	B	F	Q	F	R	O	M	A	G	E	S	E	I	U	L	P	X	J
G	X	L	I	T	T	O	R	A	L	U	P	L	I	A	O	D	W	T	O
Y	M	H	T	K	S	R	U	H	Ç	S	K	H	V	H	U	S	K	V	P
S	A	T	G	G	W	O	G	C	A	M	E	M	B	E	R	T	Q	Y	R

Solution page 608

JEUX

SUDOKU

MOYEN

7	8		5		3		1	
		4	9		1	8		3
1			6	8				
6	9	3		5				2
		1			4		6	
		5				3		
			2	9		6		
9	2	6	4					8
4	5	7						

Solution page 612

ATTENTION !

Le WC Book a décidé désormais de ne plus faire de blagues sur les Portugais.
Nous avons été tellement truelles avec eux !
Et puis, ça n'a rien de constructif.
En gros, nous laissons béton, car ils risqueraient, en plus, d'aller portes et plinthes…

« Tu te laves, toi,
après avoir fait l'amour ?
– Bien sûr !
– Ben… tu devrais baiser
plus souvent ! »

Humour

Un patron veut embaucher un comptable.
Il se dit :
« Je vais rechercher un militaire. Ce sont des gens rigoureux, disciplinés... »
L'entretien se déroule bien, et, avant de se quitter, il demande à l'ancien gradé s'il sait compter.
« Mais oui, bien sûr.
– Allez-y un peu, pour voir.
– Un, deux, un, deux, un, deux... »
Le patron réfléchit et se dit alors :
« Je vais plutôt prendre un informaticien. Ils sont logiques, intelligents... »
L'entrevue se passe bien, et, à la fin, il pose la même question.
« Pas de problème, répond l'informaticien : zéro, un, zéro, un, zéro... »
Finalement, le patron a une illumination :
« Je vais embaucher un fonctionnaire ! Ils sont honnêtes, consciencieux... »
L'entrevue est vite expédiée et arrive la fameuse question :
« Oui, évidemment, dit le fonctionnaire. Un, deux, trois...
– Bien, et vous pouvez continuer ?
– ...quatre, cinq, six, sept, huit...
– Super ! Encore un peu ?
– ... neuf, dix, valet, dame, roi... »

Humour

Franck et Michel, deux amis de longue date, se rencontrent. Franck, joueur invétéré dit à Michel :

« Il faut que je t'annonce une grande nouvelle : j'arrête de jouer ! Plus de casino, plus de tiercé, plus de poker…

– Bravo Franck ! Mais, pardonne-moi, te connaissant, j'ai du mal à y croire… Je suis même sûr que tu ne tiendras pas !

– Ah bon ? Tu paries combien ? »

QUEL EST L'INTRUS ?

AKIRA TORIYAMA

KENTARŌ MIURA

OSAMU TEZUKA

SHIGERU MIZUKI

EIICHIRŌ ODA

JIRŌ TANIGUCHI

KAZUO KAMIMURA

SHŌTARŌ ISHINOMORI

GŌ NAGAI

BUICHI TERASAWA

LEIJI MATSUMOTO

Solution : Eiichirō Oda, auteur de *One Piece*, est le seul mangaka vivant et en activité de la liste au moment où elle a été établie en mai 2024.

JEUX

MOTS CROISÉS

HORIZONTALEMENT

1. Habitants ou ressortissants de l'Irak
2. Ignorée
3. Plomb - Renseignements généraux
4. Commune de Haute-Garonne – Hampe d'un drapeau
5. Rubidium – Déssechée, brûlée en surface sans être cuite en dedans
6. Tapâtes sur un clavier d'une caisse enregistreuse
7. Alcène comportant une fonction alcool – Apparue
8. Arbres du nord de l'Inde – Monnaie divisionnaire japonaise

VERTICALEMENT

I. Introduis
II. Enroula de nouveau
III. Actinium – Langue du Cameroun
IV. Race de chien
V. Qui n'est pas reconnaissant
VI. Pronom adverbial – Cavités naturelles en forme de cheminée dans une falaise calcaire
VII. Lettre de l'alphabet grec – Noircie
VIII. Plantée – Devant le participe présent

	I	II	III	IV	V	VI	VII	VIII
1								
2								
3			■			■	■	
4			■					
5			■					
6								■
7					■			
8					■			

Solution page 615

Humour

Ayant remarqué la braguette ouverte de son patron, la secrétaire embarrassée lui dit :
« La porte du garage est restée ouverte. »
Le directeur, perplexe, ne comprend pas jusqu'à ce qu'elle lui montre. Il remonte rapidement la fermeture et lui dit :
« J'espère que vous n'avez pas aperçu ma superbe Cadillac de luxe.
– Non, dit-elle, juste une vieille Volkswagen rose avec deux pneus crevés. »

Le saviez-vous ?

La drôle d'histoire du Bonhomme Michelin

Vous connaissez forcément ce grand gaillard sympathique aux biceps gonflés à l'hélium. Il faut bien l'avouer : Michelin, la manufacture française de pneumatiques, a bien choisi sa mascotte. Mais comment est né le Bonhomme Michelin, alias Bibendum ?

Tout commence en 1894, lors de l'Exposition universelle de Lyon. En apercevant une pile de pneus à l'entrée, le fils Michelin s'amuse : « Avec des bras, ça ferait un bonhomme ! » En 1898, son idée prend vie sur une affiche publicitaire dessinée par O'Galop. On peut y voir un gros bonhomme constitué de pneus, qui brandit une chope remplie de clous et de débris de verre. Le slogan ? « Le pneu Michelin boit l'obstacle. »

Au début du XXe siècle, Bibendum devient une icône ! On le voit partout : dans la presse, au Tour de France, au Carnaval de Nice… Son apparence n'est pas figée et a changé de nombreuses fois, selon l'orientation de la marque et la « patte » des différents dessinateurs qui s'y sont penchés. En 1997, Bonhomme Michelin a fêté ses 100 ans d'existence… et a légèrement perdu du poids, affichant une silhouette plus athlétique.

En 2000, il a même eu l'illustre honneur d'être nommé « meilleur logo du siècle » par le *Financial Times*. Pas mal pour un pneu…

23 heures, au lit,
un couple :
« Mon chéri, tu ne veux pas qu'on inverse les rôles pour pimenter un peu ?
– Non. Pas ce soir, j'ai la migraine. »

QUIZ

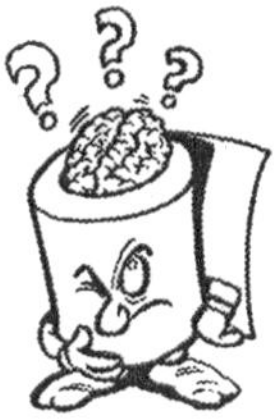

Quel roi d'Angleterre a été couronné en 1066 après sa victoire à la bataille de Hastings ?

a. Richard Cœur de Lion
b. Guillaume le Conquérant
c. Charlemagne
d. Henri VIII

Solution : b. Guillaume le Conquérant, qui a régné du 25 décembre 1066 au 9 septembre 1087.

Les médecins veulent dater ma vergeture.

LES MÉDECINS VEULENT TÂTER MA VERGE DURE.

POUR COGITER…

« Ce n'est pas vrai
que les banques sont
comme les voleurs.
Le voleur vient te prendre
les sous à la maison,
la banque exige même
que tu les lui portes. »
Maurizio Crozza

PEUT-ON JOUER
AU BADMINTON EN
ÉTANT ALCOOLISÉ
EN SACHANT
QU'ON NE PEUT
PAS PRENDRE
LE VOLANT ?

POURQUOI VOUS NE TRAVAILLEZ PAS ?
ON NE VOUS A PAS ENTENDU ARRIVER CHEF !

POUR COGITER…

« J'aime ce qui n'a pas de sens, ça réveille les cellules du cerveau. La fantaisie est un ingrédient nécessaire dans la vie. »

Boris Vian

... « ALLONS PIQUE-NIQUER AU PARC ! »

« Pique-nique », un mot bien rigolo qui est né en France au XVIIe siècle. Il signifie que l'on apporte ***« nique »***, c'est-à-dire ***« un petit rien »***, et que tout le monde pourra ***« piquer »*** dedans. Le mot a été repris par nos voisins anglais (*picnic*), conquis par le concept, qui y ajoutèrent l'idée de manger un en-cas dans la nature. Aujourd'hui, le pique-nique est synonyme de joyeux déjeuners sur le pouce, en famille ou entre amis !

LABYRINTHE

FACILE

Charade

Mon **premier** n'est pas **DUR**,

Mon **deuxième** n'est pas **TÔT**.

Mon **troisième** est un **CHIFFRE**,

Mon **tout** se marie bien

avec le **LAPIN**.

Solution : Moutarde (Mou-Tard-Deux).

10 ASTUCES ÉCOLOGIQUES TRÈS TENDANCE POUR ADOPTER UN MODE DE VIE PLUS DURABLE :

1. **Zéro déchet :** réduisez au maximum sa production de déchets en privilégiant les produits sans emballage ou en emballage réutilisable.

2. **Mobilité douce :** optez pour des moyens de transport écologiques comme le vélo, la marche, ou les transports en commun.

3. **Consommation responsable :** achetez des produits issus du commerce équitable, locaux et de saison.

4. **Économie d'énergie :** utilisez des appareils à faible consommation énergétique et éteignez les appareils électriques en veille.

5. **Réduction de la consommation d'eau :** installez des réducteurs de débit sur les robinets, prenez des douches plutôt que des bains.

6. **Upcycling :** transformez ou réutilisez des objets usagés au lieu de les jeter.

7. **Jardinage écologique :** cultivez votre propre jardin en utilisant des méthodes de permaculture ou d'agriculture urbaine.

8. **Énergie verte :** choisissez des fournisseurs d'énergie proposant des sources renouvelables comme l'éolien ou le solaire.

9. **Réduction des plastiques :** utilisez des alternatives réutilisables aux produits à usage unique en plastique, comme les bouteilles, sacs, et pailles.

10. **Éducation à l'environnement :** formez-vous sur les pratiques durables pour sensibiliser votre entourage.

Quels sont les jours du Soleil et de la Lune ?

Quels sont les jours du Soleil et de la Lune ?
Nos bons vieux jours de la semaine tirent leur origine des astres et des divinités romaines leur étant associés, et ce, depuis l'Antiquité…

Lundi : le jour de la Lune, associée à la déesse Diane (Artémis dans la mythologie grecque). En anglais, *Monday* vient, lui aussi, de la Lune (*moon*) !

Mardi : le jour de Mars (Arès)

Mercredi : le jour de Mercure (Hermès)

Jeudi : le jour de Jupiter (Zeus)

Vendredi : le jour de Vénus (Aphrodite)

Samedi : le jour de Saturne (Cronos)

Petite exception pour le **dimanche** qui nous vient du christianisme : *dominica dies*, « jour qui appartient au Seigneur ». En anglais, *Sunday* est une référence au Soleil ("*sun*").

SUDOKU

DIFFICILE

3		1		9		4		
					7		6	
5	4		1				8	
		6	9					
2		8		4		3		6
					8	5		
	2				9		5	1
	1		6					
		9		1		6		2

Solution page 612

Humour

Julie en avait marre de toujours tout faire à la maison. Alors, elle et son mari Hugo se sont mis d'accord pour que chacun fasse le repas du soir à tour de rôle.
Le jour suivant, c'est au tour d'Hugo. Quand la femme rentre, elle voit son mari tout nu avec un verre d'eau à la main.
« Ce soir, au menu, c'est amour et eau fraîche », lui dit-il.
Le lendemain, c'est au tour de Julie. À peine rentré, le mari lui crie :
« Qu'est-ce qu'il y a au menu ce soir, chérie ? »
La femme vient toute nue vers lui, les cheveux ébouriffés, et lui répond :
« Les restes d'hier soir, chéri… »

CARRÉ MAGIQUE

FACILE

Obtenez la somme de **280** sur toutes les lignes horizontales et verticales !

55		81	61
	65	67	71
69		75	
	59	57	85

Solution page 604

Charade

Mon **premier** est une

ERREUR,

Mon **deuxième** est un

ORGANE PRÉCIEUX,

Mon **tout** est

CONFORTABLE.

Solution : Fauteuil (Faute-Œil).

« Chéri, il lui arrive quoi au chat ???

– Bah, je sais pas… Je lui ai donné du whisky, comme t'as demandé…

– Du whiskas, je t'ai dit ! WHISKAS !!! »

Le conseil WC Book du jour

Tu dois savoir qu'un régime s'impose quand, après avoir éternué, ton corps continue de bouger pendant 5 secondes.

Pourquoi Claire ne survivrait-elle pas dans une ferme ?

Parce que la ferme tuerait Claire.

À Marseille, on dit plus souvent : « La BAC a eu mon fils » que l'inverse !

Le saviez-vous ?

« Je roule en Volvo » : cette phrase n'a pas de sens

Vous êtes-vous déjà demandé(e) quelle est l'origine des noms des voitures ? Sachez qu'il existe trois grandes familles de patronymes d'automobiles…

Des mots bien précis

Lorsque vous dites « Je roule en Volvo », c'est un pléonasme… puisque *volvo* signifie déjà « je roule » en latin ! Les constructeurs automobiles sont nombreux à s'être inspirés d'un mot bien précis dans leur langue ou dans un dialecte étranger. Ainsi, *Mitsubishi* veut dire « trois diamants » en japonais, alors que *Rover* désigne un « vagabond » en anglais.

Des sigles

Autre solution : raccourcir le nom de l'entreprise de manière à le rendre plus facilement mémorable. « BMW » est l'acronyme de « Bayerische Motoren Werke », soit « Usine bavaroise de moteurs » en allemand. Quant aux Fiat, elles tirent leur nom de la « Fabbrica Italiana Automobili Torino », soit la « Fabrique italienne d'automobiles de Turin ».

Des noms de famille

Enfin, de très nombreuses marques de voitures ont tout bonnement pris le nom de leur créateur ou s'en sont inspirées. Enzo Ferrari, Charles Rolls, Henry Ford, Louis Renault, Ferdinand Porsche, Kiichiro Toyoda, entre autres, ont ainsi accédé à la postérité.

De quelle couleur est la voiture de John Travolta ?

Grease.

Une femme, furieuse, dit à son mari : « J'en ai assez ! Tu ne t'intéresses pas à moi ! Il n'y a que le football qui compte. Le samedi soir, on ne sort jamais, tu vas au match. Le dimanche, tu en regardes un autre à la télé, le jeudi tu remets ça. Tu ne parles que de foot, j'ai l'impression de ne pas exister. Je suis sûre que tu ne te souviens même pas de la date de notre mariage !

– Alors, là, tu te trompes ! C'est le jour où le Milan AC a battu Barcelone 4 à 0 en finale de la Ligue des champions ! »

MOTS MÊLÉS

Pays d'Amérique Latine

Saurez-vous retrouver chacun des mots cachés dans ce tableau ?

Les mots peuvent être écrits horizontalement, verticalement, en diagonale ou à l'envers.

Mots à trouver :

1) ARGENTINE
2) BELIZE
3) BOLIVIE
4) BRESIL
5) CHILI
6) COLOMBIE
7) CUBA
8) EQUATEUR
9) GUATEMALA
10) HAITI
11) HONDURAS
12) MEXIQUE
13) NICARAGUA
14) PANAMA
15) PARAGUAY
16) PEROU
17) SALVADOR
18) SURINAME
19) URUGUAY
20) VENEZUELA

JEUX

A	H	G	B	I	Z	G	J	L	O	H	K	P	V	X	Q	Q	E	A	T
U	H	P	F	P	G	Q	R	Y	W	R	H	O	K	H	Q	M	Q	X	P
G	P	Y	S	A	R	U	D	N	O	H	R	A	V	S	A	Z	Ç	P	G
A	Q	R	A	I	L	C	A	L	A	Q	F	J	F	N	R	H	V	I	K
R	W	P	Ç	U	Y	Z	O	T	B	Q	S	M	I	A	G	H	B	V	Z
A	P	F	A	L	G	Ç	M	H	E	F	S	R	T	M	E	H	B	P	B
C	S	Ç	E	R	I	U	P	R	L	M	U	A	P	Q	N	N	N	U	S
I	Z	M	F	Z	A	S	R	J	I	S	A	B	E	T	T	B	H	P	B
N	F	W	B	J	K	G	E	U	Z	C	E	L	O	W	I	O	H	W	G
I	S	V	V	H	Q	P	U	R	E	Y	Q	M	A	O	N	L	Y	B	S
C	L	B	T	Y	M	W	Z	A	B	K	U	F	H	E	E	I	J	K	A
V	H	L	J	C	X	L	U	J	Y	Z	A	A	A	F	Q	V	C	A	L
O	Y	E	C	O	L	O	M	B	I	E	T	M	I	X	F	I	X	H	V
V	W	M	Q	W	P	L	W	G	Y	M	E	X	T	J	M	E	C	P	A
D	N	L	Y	M	U	A	J	C	R	B	U	E	I	A	T	U	V	I	D
D	V	I	Y	O	R	X	N	H	U	E	R	G	O	A	J	Z	L	H	O
G	U	V	R	D	Y	Q	P	A	G	X	Ç	E	F	B	N	I	F	T	R
H	T	E	E	U	Q	I	X	E	M	G	Q	F	M	U	H	Q	Z	P	V
B	P	V	E	N	E	Z	U	E	L	A	Z	U	L	C	F	S	E	D	M
P	L	I	M	Z	L	S	M	M	P	F	O	I	W	T	P	T	W	H	F

Solution page 608

Humour

Une fille, Emma, encore vierge, ramène son copain Lucas à la maison. Ils filent dans la chambre et elle lui suggère un 69 pour commencer.

« Qu'est-ce que c'est que ça ? », demande le garçon, pas très instruit en matière de sexe.

Emma, constatant l'inexpérience du garçon, lui répond :

« Moi, je mets ma tête entre tes jambes, et toi, tu mets ta tête entre les miennes. »

Sans n'y rien comprendre, mais ne voulant pas gâcher ses chances, le petit copain accepte. Au moment précis où ils se trouvent en position, la fille laisse échapper une flatulence bruyante et malodorante. Le copain tousse, manque de s'étrangler et saute du lit.

Emma, ennuyée, lui demande pardon, et lui dit que ça ne se reproduira pas. Ils se remettent en position d'attaque et, au moment de s'y mettre, la fille laisse à nouveau échapper un vent nauséabond.

Lucas, furieux, se lève et commence à se rhabiller.

« Qu'est-ce qui t'arrive ? Tu ne vas pas partir comme ça ? », demande la fille.

Et il lui répond :

« Tu crois quand même pas que je vais me taper les 67 autres !? »

IL RAPETISSE VITE !!!
OUI, ON LE VOIT BIEN DIMINUER...
AH

QUEL EST L'INTRUS ?

TITANIC

LE DERNIER EMPEREUR

LE PARRAIN

LA LA LAND

ROCKY

OPPENHEIMER

LE SEIGNEUR DES ANNEAUX : LE RETOUR DU ROI

Solution : *La La Land* (2016). Si tous les autres films de la liste sont des succès majeurs au box-office et ont reçu de récompenses, *La La Land* est le seul qui n'a pas remporté le prix du meilleur film aux Oscars malgré ses nombreuses nominations en 2017, battu dans cette catégorie par *Moonlight*.

Après réflexion,
je pense que c'est
totalement absurde
d'avoir des enfants dans
ce monde de fous !
J'en veux pas !

Mais je ne sais pas
comment leur dire.

114,5 : c'est le nombre de centimètres pouvant être atteints par un bambou en… une seule journée ! La variété Moso est connue pour son exceptionnelle rapidité de pousse, d'environ un millimètre par minute !

45 000 : c'est le nombre de mots qu'écrit en moyenne un crayon afin de partir au paradis des articles de papeterie. Pas mal !

Lucas a dragué cette jeune fille et l'emmène à la maison. Ils commencent à se faire des gros bisous, se prennent un verre et cherchent à mieux se connaître :

« Tu sais, Lucas, quand j'étais petite, j'avais un kiki…

– Ah oui ! La peluche ?

– Non… »

Humour

Bernard se rend chez son médecin pour un problème d'incontinence nocturne :

« Docteur… voilà… cela fait plusieurs mois que je fais pipi au lit toutes les nuits. Ma femme ne peut plus me supporter…

– Mais, à quel moment de la nuit urinez-vous ?

– En fait, docteur, j'urine à un moment précis : lorsque je fais un cauchemar et il se trouve que chaque nuit, c'est le même !

– Racontez-moi…

– Ben… je rêve qu'un nain monte sur le lit et me dit, tout en sautant dessus : “Tu viens ? On va faire pipi ! Tu viens ? On va faire pipi !” jusqu'à ce que je cède… »

Le docteur réfléchit et propose à Bernard :

« Je pense, tout simplement, qu'il faudrait affronter votre rêve en disant au nain “ Non, je ne veux pas faire pipi !!!” de façon un peu ferme. »

Bernard rentre chez lui, un peu soulagé, mais revient voir le docteur dès le lendemain.

« Tiens, vous avez un œil au beurre noir ? demande le médecin.

– Oui, c'est ma femme ! Elle ne peut plus me supporter et m'a mis à la porte !

– Que s'est-il passé ?

– Je me suis couché et, comme toutes les nuits, j'ai fait mon cauchemar. Le nain est venu sauter sur mon lit en disant : “Tu viens ? On va faire pipi ! Tu viens ? On va faire pipi !”

– Et alors ?

– Alors, j'ai fait comme m'aviez dit, docteur. Je lui ai dit : “Non, je ne veux pas faire pipi !!!” Et puis, il m'a répondu : “ Tu viens faire caca ?” »

La Banque Postale

LA POSTE BANCALE

Cette araignée pourrait sauver votre couple

En panne de Viagra ? Faites-vous piquer par une araignée-banane. Belle érection assurée… mais la mort peut faire partie des effets secondaires !

Sans blague, selon une étude brésilienne publiée en 2023, le venin de l'araignée *Phoneutria nigriventer* pourrait être une alternative intéressante à la célèbre pilule bleue. Se faire piquer par cet arachnide tropical cause, parmi d'autres symptômes peu réjouissants, « une érection prolongée et douloureuse, pouvant conduire à une nécrose du pénis ».

L'équipe de chercheurs planche donc sur l'élaboration d'un gel contenant un peu de ce fameux venin, afin d'aider à lutter contre les dysfonctionnements érectiles. Les premiers résultats s'avèrent prometteurs !

« Chérie,
on fait l'amour ?
– OK ! Après le JT. »

Et elle a mis
BFMTV…

JEUX

SUDOKU

FACILE

5		9	8		4	7	1	
	6	7	1	2	5		8	3
1		8	7	9		6	5	4
8	9	5		1	6	2		
6		1			2	8		9
3	7	2	9	4	8	5	6	1
	5	6	4	3		1	7	8
9		3						

Solution page 612

« Je ne t'ai pas insulté ; donc, fais attention à ce que tu dis !
– Je ne t'ai pas insulté non plus, que je sache...
– Faux ! Tu m'as dit : “Ferme ta gueule !”
– Ah... Mais ce n'est pas une insulte, c'est un conseil. »

Quand mon
ordinateur me demande
si je souhaite « quitter
le système », je me vois
déjà dans le Larzac
produire du fromage
de chèvre !

Quand j'étais petit, j'avais peur du noir. Maintenant, quand je vois ma facture d'électricité, j'ai peur de la lumière.

Astuce du jour.

Comment faire rire
une femme ?

La regarder droit
dans les yeux et lui dire :
« C'est moi qui
commande ici ! »

« Mon chéri, maintenant qu'on est mariés, tu pourras te débarrasser de ta collection *Star Wars*…
– C'est drôle, tu parles comme mon ex-femme.
– Mais… je ne savais pas que tu avais déjà été marié…
– Non, non. Je ne l'ai jamais été avant toi ! »

Comment se débarrasser des *stalkers* ?

Les grenouilles ont la solution : faire le mort. Un comportement surprenant qui a été observé par des chercheurs lors de travaux incluant 96 femelles et 48 mâles. Ces dames se montraient oppressées par le comportement de harcèlement des amphibiens, qualifié de « reproduction explosive ». Il faut dire que les grenouilles mâles s'accrochent en nombre au dos des femelles afin de les féconder, allant parfois même jusqu'à les tuer involontairement.

Pour échapper à ce sort funeste, un tiers des grenouilles font semblant… d'être mortes. D'autres, tout aussi ingénieuses, imitent le cri des mâles pour passer inaperçues !

CARRÉ MAGIQUE

MOYEN

Obtenez la somme de **1208** sur toutes les lignes horizontales et verticales !

88		210	94	96	204	202	102
	106	108	192	190	114	116	184
182	122		176	174	130		168
	164	162			156	154	
152	148		158	160	140	138	166
134		172	128		178	180	120
118		188	112	110	194		104
200	100		206	208		90	214

Solution page 604

10 ASTUCES NATURELLES POUR CONSERVER UNE BELLE PEAU :

1. **Hydratation :** boire suffisamment d'eau chaque jour pour maintenir la peau hydratée de l'intérieur.

2. **Nettoyage doux :** utiliser des nettoyants doux naturels pour éviter de dessécher ou d'irriter la peau.

3. **Alimentation équilibrée :** consommer des aliments riches en antioxydants, vitamines (comme les vitamines C et E) et minéraux pour nourrir la peau.

4. **Sommeil réparateur :** s'assurer un sommeil de qualité pour permettre à la peau de se régénérer durant la nuit.

5. **Protection solaire :** appliquer de la crème solaire naturelle pour protéger la peau des dommages causés par les UV.

6. **Exfoliation naturelle :** utiliser des exfoliants doux, comme le sucre ou le sel, mélangés à des huiles naturelles pour éliminer les cellules mortes.

7. **Masques faits maison :** créer des masques avec des ingrédients naturels comme le miel, l'avocat, ou l'argile pour traiter et nourrir la peau.

8. **Huiles végétales :** utiliser des huiles végétales (comme l'huile de jojoba, d'amande douce ou de coco) pour hydrater et réparer la peau.

9. **Aloe vera :** appliquer du gel d'aloe vera pour ses propriétés apaisantes, hydratantes et cicatrisantes.

10. **Réduction du stress :** pratiquer des activités réduisant le stress, comme le yoga ou la méditation, pour prévenir les effets négatifs du stress sur la peau.

Tanya est convoquée avec
son fils Gaspar à l'école
par la directrice :
« J'aimerais que vous
demandiez à votre fils
d'arrêter de m'imiter ! »
Et la mère, se tournant
vers le gamin :
« Tu as compris, Gaspard ?
Arrête de faire l'andouille ! »

LABYRINTHE

DIFFICILE

Charade

Mon **premier** est bien en **CHAIR**,

Mon **deuxième** est

L'EXISTENCE,

Mon **troisième** est adoré par les

ANGLAIS, SURTOUT

AVEC DU LAIT,

Mon **tout** est une **FORCE**.

Solution : Gravité (Gras-Vie-Thé).

DINDONCHINE

JEUX

MOTS CROISÉS

HORIZONTALEMENT

1. Marché où l'on vend des objets d'occasion
2. Dispositif permettant de ventiler ou d'extraire de l'air
3. En géographie, une vallée profonde et étroite, généralement d'origine glaciaire – Étendue d'eau salée
4. Connues – Période
5. Informatique – Rongeurs d'Amérique latine
6. Qui sert à peigner la filasse de chanvre ou de lin
7. Manganèse – Stabilisai
8. Conjonction de coordination – Hassium - Durée

VERTICALEMENT

I. Idéologie politique de la mouvance politique arabe
II. Dégoûtent
III. Lisière
IV. Commune du Haut-Rhin
V. Astate – Genre d'oiseaux aquatiques
VI. Surnom qui signifie « Allemand qui ne parle pas la langue slave »
VII. Assassinera – Formation rocheuse volcanique
VIII. Déambules – Indium

JEUX

	I	II	III	IV	V	VI	VII	VIII
1								
2								
3					■			
4					■			
5			■					
6						■	■	■
7			■					
8			■			■		

Solution page 615

Top 5 des mots les plus difficiles à prononcer :

5. Prestidigitateur
4. Inéligibilité
3. Phénylalanine
2. Désoxyribonucléique
1. Pardon !

QUEL EST L'INTRUS ?

RESERVOIR DOGS

BOULEVARD DE LA MORT

PULP FICTION

INGLORIOUS BASTERDS

IL FAUT SAUVER LE SOLDAT RYAN

LES HUIT SALOPARDS

ONCE UPON A TIME... IN HOLLYWOOD

Solution : *Il faut sauver le soldat Ryan* (sorti en 1998). C'est le seul film de la liste réalisé par Steven Spielberg. Tous les autres sont de Quentin Tarantino.

Qu'est-ce qu'un bûceron ?

C'est un bûcheron sans hache.

SI ON ADOPTE
UN CHAT DES
ANTILLES,
EST-CE QUE C'EST
UN ANIMAL DE
COMPAGNIE
CRÉOLE ?

Charade

Mon **premier** n'est pas **LOIN**,
Ma **deuxième**
COUPE LE BOIS,
Ma **troisième** passe pour une
VOLEUSE ET UNE BAVARDE,
Mon **quatrième** est **RÉFLÉCHI**,
Mon **tout** est **PROFOND ET ESCARPÉ**.

Précipice (Prés-Scie-Pie-Se).

POUR COGITER…

« D'abord, on vous dit qu'on vous a donné la vie, et puis après qu'il faut la gagner. C'est une escroquerie ! »
Louis Calaferte

... « TU TE FAIS L'AVOCAT DU DIABLE. »

Tout le monde connaît l'expression **« *se faire l'avocat du diable* »**, qui signifie défendre une cause en laquelle on ne croit pas ou qui est indéfendable. Mais saviez-vous qu'être **« *avocat du diable* »** était une véritable fonction jusqu'en 1983 ? En effet, celui que l'on appelait aussi **« *promoteur de la foi* »** avait un rôle important dans le processus de canonisation. Lorsqu'une personne très pieuse, voire martyre, mourait, l'Église pouvait la sanctifier. Mais, avant cela, une enquête minutieuse était menée afin d'examiner sa candidature en long, en large et en travers. **« *L'avocat du diable* »** avait pour mission de chercher la petite bête, en dévoilant au grand jour les travers et les secrets honteux du postulant…

JEUX

SUDOKU

MOYEN

1		2	3		6	7		8
		9		7				
6		4		8		1		
	3	1	4					
					9			2
4	9			2		5		
		7		6	3			1
			9			6		
8		6		1				

Solution page 612

Le saviez-vous ?

Êtes-vous sûr de vouloir faire ce tatouage ?

Un tatouage, c'est pour la vie, alors il vaut mieux avoir bien réfléchi avant de s'allonger sur le fauteuil de son artiste préféré. Cependant, un détail vous trouble peut-être... Si l'épiderme se renouvelle régulièrement, pourquoi le dessin ne finit-il pas par s'estomper au fil des années, avant de disparaître totalement ?

L'intégralité des cellules de votre peau est renouvelée tous les 21 à 28 jours dans le cas standard d'un adulte. Ce nombre peut grimper jusqu'à 45 jours chez les personnes âgées et descendre à 3 jours en cas de maladie de peau.

Mais ce qui est sûr, c'est que vous aurez beau faire des gommages ou prendre des coups de soleil, votre tatouage ne bougera pas d'un iota. En effet, l'encre est injectée dans le derme, la deuxième couche plus profonde de la peau. Celle-ci ne peut être détruite qu'en cas d'importante brûlure ou de maladie grave. Tant mieux si vous adorez votre tatouage... et tant pis si vous espériez faire des économies sans passer par la case laser !

Quelle est la différence entre une cocotte-minute et un gendarme ?

Aucune. Quand ça siffle, c'est cuit !

JEUX

MOTS MÊLÉS

Révolution francaise

Saurez-vous retrouver chacun des mots cachés dans ce tableau ?

Les mots peuvent être écrits horizontalement, verticalement, en diagonale ou à l'envers.

Mots à trouver :

1) ASSEMBLEE
2) BASTILLE
3) CONVENTION
4) DANTON
5) EGALITE
6) FRATERNITE
7) GIRONDINS
8) GUILLOTINE
9) JACOBINS
10) LAFAYETTE
11) LIBERTE
12) MARAT
13) NAPOLEON
14) REPUBLIQUE
15) ROBESPIERRE
16) TERREUR
17) VERSAILLES
18) VOLTAIRE

JEUX

Ç	T	A	C	C	T	A	L	X	S	R	H	D	U	A	D	Y	X	V	H
T	T	E	T	R	E	B	I	L	L	A	F	A	Y	E	T	T	E	U	V
N	R	D	G	D	Z	A	S	S	E	M	B	L	E	E	V	J	X	W	H
G	P	A	I	F	Ç	W	G	G	B	Ç	N	D	X	Y	D	V	E	Y	R
P	E	R	Z	L	F	T	P	E	P	O	B	S	Ç	T	Z	H	W	E	Q
R	X	U	Ç	N	A	R	G	N	T	U	W	M	S	L	G	J	P	R	Y
Ç	Y	E	N	N	O	I	T	N	E	V	N	O	C	W	U	U	P	E	Q
H	P	R	K	R	E	Ç	A	B	Y	R	Y	X	C	B	B	U	Z	R	N
C	Q	R	R	M	K	D	V	S	E	R	I	A	T	L	O	V	G	R	Ç
N	O	E	L	O	P	A	N	Z	G	Ç	V	V	I	P	U	M	U	E	X
V	T	T	O	E	Z	I	E	E	U	Z	H	Q	Y	X	Ç	L	C	I	B
E	E	O	L	O	B	S	M	G	I	E	U	V	U	T	F	B	F	P	N
R	X	K	K	O	R	N	Y	A	L	E	B	B	Q	Ç	F	Y	G	S	P
S	K	Y	C	O	Q	I	Ç	L	L	Z	Y	J	A	F	R	R	V	E	W
A	P	A	X	S	M	D	Z	I	O	C	J	D	O	S	H	Ç	T	B	Z
I	J	L	Q	O	V	N	F	T	T	I	I	F	I	X	T	L	A	O	X
L	O	Ç	O	O	W	O	R	E	I	O	U	R	W	A	F	I	M	R	U
L	G	L	Q	Q	A	R	U	X	N	F	C	U	F	H	V	J	L	P	I
E	D	F	D	E	T	I	N	R	E	T	A	R	F	Ç	T	U	Z	L	S
S	A	U	M	M	J	G	H	N	M	A	R	A	T	B	I	A	C	V	E

Solution page 609

Grand-père, vous avez de la mousse à la pistache.

GRAND-PÈRE, VOUS AVEZ DE LA PISSE DANS LA MOUSTACHE

POUR COGITER...

« Et puis, il y a ceux que l'on croise,
que l'on connaît à peine, qui vous disent
un mot, une phrase, vous accordent
une minute, une demi-heure et
changent le cours de votre vie. »

« Même la nuit la plus sombre prendra
fin et le soleil se lèvera. »

« 40 ans, c'est la vieillesse de la jeunesse,
mais 50 ans, c'est la jeunesse
de la vieillesse. »

Victor Hugo

LES 10 LOIS LES PLUS ABSURDES AU ROYAUME-UNI

Comme l'a relevé la chaîne de télévision UKTV Gold, certains articles de loi ont traversé les siècles et existent toujours aujourd'hui… malgré leur caractère totalement insolite, voire dangereux ! Petit florilège.

1. À York, ville du Nord-Est de l'Angleterre, vous avez le droit de tuer un Écossais s'il porte un arc et des flèches dans la vieille ville.

2. Il est interdit de mourir au Parlement.

3. En Écosse, vous êtes obligé(e) d'ouvrir votre porte à toute personne ayant envie d'aller au petit coin.

4. Il est « illégal de ne pas dire à son percepteur ce qu'on ne veut pas qu'il sache, mais légal de lui dire ce qui ne nous dérange pas qu'il sache ». Comprenez ce que vous voudrez !

5. Une femme enceinte peut uriner où elle le souhaite… même dans le casque d'un policier, si elle en fait gentiment la demande.

6. Coller à l'envers un timbre à l'effigie d'un roi est un « acte de trahison ».

7. Les taxis londoniens n'ont pas le droit de transporter des chiens enragés.

8. À Liverpool, ville du Nord-Ouest de l'Angleterre, les vendeuses dans les magasins de poissons tropicaux peuvent travailler seins nus.

9. Il est interdit de boire de l'alcool si l'on possède une vache.

10. Ces dames n'ont pas l'autorisation de manger du chocolat dans les transports en commun.

Vous ne pourrez plus dire que vous ne saviez pas…

QUEL EST L'INTRUS ?

RECTANGLE

CERCLE

TRIANGLE

PENTAGONE

HEXAGONE

Solution : Cercle. Tous les autres sont des polygones (figures planes fermées par des segments de droite), tandis que le cercle est une figure courbe géométrique sans segment de droite, où tous les points sont à égale distance d'un point (son centre).

VAGUE, VAGUE, VAGUE, VAGUE, VAGUE, VAGUE, VAGUE, VAGUE, VAGUE, VAGUE, VAGUE, VAGUE...
QU'EST-CE QUI LUI ARRIVE DOCTEUR ?
HUM, JE CROIS QU'ELLE DIVAGUE !

Charade

Mon **premier** est **PORTUAIRE**,

Mon **deuxième** est un **SENS**,

Mon **troisième** est **POPULAIRE EN ÉCOSSE**,

Mon **tout** vit en **AUSTRALIE**.

Solution : Kangourou (Caen-Goût-Roux).

40 000 : c'est le nombre de dollars (soit environ **68 700** euros d'aujourd'hui en tenant compte de l'érosion monétaire et de l'inflation) économisés en 1987 par la compagnie aérienne American Airlines. Son secret ? Elle a tout simplement supprimé une olive de chaque salade servie aux passagers première classe. Il suffisait d'y penser !

2 158 : c'est le nombre de litres de peinture qu'il a fallu pour repeindre la Maison-Blanche à Washington (États-Unis), ravagée par les incendies de la guerre anglo-américaine de 1812-1815. C'est, d'ailleurs, de ce ravalement de façade en total look blanc qu'est venu l'illustre surnom de la demeure du président américain.

Ces capitales qui ne semblent pas très logiques

Cauchemar des mauvais élèves en géographie, le nom des capitales n'est pas toujours facile à retenir. Et pour cause : ce n'est pas forcément la plus grande ville du pays, ni la plus importante économiquement et culturellement, qui mérite ce nom… Quelques exemples.

La capitale des États-Unis ? Pas New York, mais Washington

Washington a été nommée capitale des USA en 1710, devenant ainsi le siège de la fameuse Maison-Blanche. Ce choix, étonnant de prime abord, a été fait dans un souci d'égalité ! En effet, pour ne favoriser aucun État plutôt qu'un autre, Washington a été créé ex nihilo à ce dessein. Le Maryland et la Virginie ont même dû céder un peu de leurs terres pour son établissement.

La capitale du Brésil ? Pas Rio de Janeiro, mais Brasilia

Pourtant, Rio de Janeiro était bien la capitale du pays jusqu'en 1960. L'État a ensuite décidé de donner vie à une nouvelle cité, imaginée de toutes pièces par l'architecte visionnaire Oscar Niemeyer (1907-2012). Brasilia a été conçue comme une capitale ultramoderne, dont le plan des rues dessine un oiseau aux ailes déployées… Pas mal !

La capitale de l'Australie ? Pas Sydney, mais Canberra

Tout comme Washington, Canberra a été sélectionnée comme capitale afin de ne léser personne. En 1901, Sydney et Melbourne se disputaient âprement ce titre très avantageux. Il fut donc décidé qu'une capitale neutre naîtrait à équidistance de ces deux villes : *Canberra*, ce qui signifie « point de rencontre » en langue aborigène.

Pourquoi les journées sont-elles de plus en plus longues ?

Vous ne vous en êtes probablement pas rendu compte, mais nos journées s'allongent d'année en année… et ça n'a rien à voir avec l'arrivée de l'été.
En effet, les scientifiques ont observé un ralentissement de la rotation de notre planète qui s'opère depuis des millénaires. À l'époque des dinosaures, une journée durait une demi-heure de moins ! La Lune est la fautive : sa force de gravité s'oppose à celle de la Terre, créant notamment le mouvement des marées et freinant peu à peu sa course. Ainsi, la Terre perd 1,8 milliseconde sur son temps complet de rotation chaque siècle.
Et si la Terre s'arrêtait pour de bon de tourner sur elle-même, que se passerait-il ? Eh bien, une journée durerait… six mois. Les changements observés sur le climat seraient, bien entendu, drastiques. Mais cela ne risque pas d'arriver, à part si notre planète entrait en collision avec une étoile. Et encore : elle atténuerait alors sa vitesse de rotation de manière très progressive.

CARRÉ MAGIQUE

DIFFICILE

Obtenez la somme de **65** sur toutes les lignes horizontales et verticales !

17	24	1		15
	5	7	14	16
4		13		
	12		21	3
	18	25	2	

Solution page 604

Vrai ou faux ?

Il ne faut pas se doucher pendant un orage.

Vrai.
Même faire la vaisselle n'est pas conseillé ! La raison ? La foudre est irrésistiblement attirée par l'eau et le métal, qui offrent une moindre résistance à son passage. Or, les canalisations réunissent justement ces deux conditions... Résistez donc à la tentation de prendre un bon bain chaud en écoutant les éléments se déchaîner.

Le conseil WC Book du jour.

Ne jetez plus les noyaux des dattes !

Réunissez-les dans une casserole, ajoutez de l'eau, un peu de poivre noir, puis laissez bouillir sur le feu pendant 45 minutes.

Ensuite, faites sécher les noyaux au soleil, mixez pour ceux qui ont un mixeur ou pilez pour ceux qui ont un mortier jusqu'à ce qu'ils soient en poudre.

Mélangez la poudre avec de l'huile d'olive sans additif jusqu'à ce que la poudre devienne homogène.

Puis mettez-la dans un pot en plastique que vous glisserez dans un réfrigérateur durant toute la nuit.

Le lendemain, sortez le pot du réfrigérateur et jetez-le à la poubelle parce qu'on ne peut rien faire avec ça…

Merci pour votre attention !

« Tu es tellement belle,
drôle et gentille…
– Toi, tu dis ça parce
que tu veux coucher
avec moi !
– Et intelligente,
aussi… »

POUR COGITER…

« Il est encore trop tôt pour savoir s'il est trop tard. »

Pierre Dac

Vrai ou faux ?

Le prout est une unité de mesure.

Vrai et faux.
Le prout a réellement existé, mais très peu de temps (Dieu merci !). Le nom de cette unité mesurant la cohésion des noyaux atomiques avait été proposé en hommage au chimiste anglais William Prout (1785-1850). Toutefois, le prout n'a pas recueilli l'unanimité du monde scientifique qui l'a lâché, si l'on puit dire, et l'a donc rapidement abandonné.

Monsieur et madame OL ont six filles. Comment s'appellent-elles ?

Solution : Elle, Annie, Lydia, Beth, Nicole et Esther. (Elle a ni le diabète, ni le cholestérol.)

JEUX

SUDOKU

DIFFICILE

8			6	3	1		2	
2								
3		1				8		5
		5	7	2		4	1	
7	3	2		1	4	5	6	
		3		9		1		8
			3		7			
5		7		4		3	9	6

Solution page 612

Le conseil WC Book du jour

Si jamais tu es enfermé(e) dehors, parle calmement avec ta serrure…

La communication, c'est la clé !

LABYRINTHE

DIFFICILE

QUIZ

Dans quel film animé d'aventures deux frères elfes partent-ils en quête pour ramener leur père à la vie avant le coucher du soleil, traversant des paysages fantastiques ?

a. *Shrek*
b. *La Reine des neiges*
c. *Coco*
d. *En avant*

Solution : d. *En avant* (*Onward*, en VO), produit par Pixar et sorti en 2020.

Avis aux chatouilleurs ultrasensibles

Si vous ne supportez pas que l'on vous effleure la plante des pieds sans vous écrouler de rire ou pousser de hauts cris, cette information est pour vous. En effet, selon une étude scientifique, se faire chatouiller procurerait de plus en plus de plaisir à mesure que l'on vieillit !

Toutefois, il vous faudra forcément trouver un volontaire pour vous papouiller. Si les chatouillis provoquent une réaction forte en stimulant les terminaisons nerveuses sous l'épiderme, elles doivent être exécutées par une tierce personne. Notre cerveau, qui fait constamment le tri parmi les nombreux stimuli qui nous assaillent, considère que ce n'est pas du jeu lorsque l'on « s'auto-chatouille ». Heureusement, d'ailleurs, sinon le quotidien serait invivable : imaginez vous tordre de rire en enfilant vos chaussures ou en savonnant vos aisselles sous la douche !

Les dingueries de notre corps

68 : c'est le nombre d'années durant lesquelles un Américain a été victime du hoquet. Il n'a jamais trouvé aucun remède pour l'arrêter… Les spasmes ont fini par s'interrompre soudainement, de manière mystérieuse !

30 : c'est le nombre de hertz (unité de fréquence du son) sous lesquels certains chanteurs arrivent à faire descendre leur voix. Bien loin des 75 à 140 hertz correspondant en moyenne à la voix d'un homme… mais tout près du ronronnement de nos matous préférés (20 à 30 hertz).

95 % des femmes n’aiment pas les amies de leurs maris, mais 95 % des hommes aiment à 95 % les amies de leurs femmes.

Les hommes sont vraiment de bonnes personnes.

LORSQUE JE VOUS AI DEMANDÉ SI VOUS ÉTIEZ FLEXIBLE, JE PARLAIS DE VOS HORAIRES DE TRAVAIL !

Deux potes au bistrot.
Michel se confie à François :
« Parfois, je me dis : “ Michel, arrête de boire !”
– Et…?
– Après réflexion, je me dis que je ne vais pas me mettre à écouter un mec bourré qui se parle à lui-même ! »

Nous habitions
des gîtes
infâmes
Quai Branly !

NOUS AGITIONS
DES BITES
INFÂMES QUI
BRANLAIENT

10 ASTUCES POUR CRÉER ET ENTRETENIR UN COMPOST MAISON DE QUALITÉ :

1. **Équilibre :** maintenir un bon équilibre entre les matières vertes (azotées, comme les déchets de cuisine) et les matières brunes (carbonées, comme les feuilles sèches) pour un compostage efficace.

2. **Aération :** retourner régulièrement le compost pour l'oxygéner, ce qui favorise l'activité des micro-organismes décomposeurs.

3. **Taille :** couper les déchets en petits morceaux pour accélérer leur décomposition.

4. **Humidité :** s'assurer que le compost est humide comme une éponge essorée, sans être trop détrempé.

5. **Couvercle :** utiliser un couvercle ou une bâche pour maintenir l'humidité et la chaleur, tout en protégeant des intempéries.

6. **Diversité :** inclure une grande variété de déchets organiques pour enrichir le compost en nutriments.

7. **Éviter les intrus :** ne pas mettre de viandes, de poissons, d'os, ou de produits laitiers pour éviter les odeurs désagréables et les nuisibles.

8. **Localisation :** placer le composteur dans un endroit accessible, à l'ombre partielle, pour faciliter l'ajout de déchets et l'entretien.

9. **Maturation :** laisser le compost mûrir pendant plusieurs mois jusqu'à ce qu'il soit foncé, friable et ait une odeur de terre.

10. **Utilisation :** utiliser le compost mûr pour enrichir la terre du jardin, améliorer la structure du sol et soutenir la croissance des plantes.

« Tu as tout à fait raison ma chérie !

– Mais… j'ai encore rien dit…

– J'essayais de gagner du temps. »

20 : c'est le nombre limité d'exemplaires du *Concorde*, l'avion de ligne supersonique franco-britannique, ayant été construits. Les **6** premiers appareils ont servi au développement – **2** prototypes, **2** appareils de préproduction et **2** appareils de production qui n'ont jamais fait de service commercial – tandis que les **14** autres ont servi aux vols commerciaux, sous les couleurs d'Air France et de British Airways entre 1976 et 2003.

Comment les acteurs sont-ils devenus des stars ?

Cela nous paraît normal aujourd'hui que Leonardo DiCaprio, Margot Robbie ou encore Brad Pitt soient payés des millions de dollars et vivent dans d'incroyables villas hollywoodiennes. Mais cela n'a pourtant pas toujours été le cas…

Avant 1910, les actrices et les acteurs étaient de simples figures interchangeables : leur nom ne figurait même pas au générique ! Sauf que le public ne l'entendait pas de cette oreille et commença rapidement à se montrer avide d'informations.

La compagnie Independant Moving Pictures Company (IMP) changea ce système en 1910. Maligne, elle fit courir la rumeur que l'actrice Florence Lawrence, au visage très apprécié des spectateurs, était morte dans un accident de tramway. L'équipe annonça ensuite la résurrection de la comédienne… et sa présence à l'affiche des nouveaux films *The Broken Oath* et *The Time-Lock Safe*.

Le star-system était né ! À partir de cette année, les studios de cinéma comprirent l'intérêt de s'appuyer sur la notoriété des acteurs pour faire la publicité de leurs longs-métrages. Ils soignèrent l'image des stars, changeant leur nom et réinventant même parfois complètement leur biographie.

Les égéries les plus connues vécurent alors la belle vie : salaire faramineux, limousine avec chauffeur, horde de paparazzis à leurs trousses… À noter que le grand Charlie Chaplin (1889-1977) fut le premier à décrocher un contrat d'un million de dollars en 1917.

Ma femme a toujours une solution à tout problème !
Ce matin, j'ai eu une panne de réveil.
Eh bien, elle m'a chié une pendule !

MOTS MÊLÉS

Villes françaises commençant par la lettre D

Saurez-vous retrouver chacun des mots cachés dans ce tableau ?

Les mots peuvent être écrits horizontalement, verticalement, en diagonale ou à l'envers.

Mots à trouver :

1) DAMPIERRE
2) DAX
3) DECIZE
4) DENAIN
5) DIE
6) DIEPPE
7) DIGNE LES BAINS
8) DIJON
9) DINAN
10) DOLE
11) DOLUS
12) DOMERAT
13) DOMEVRE
14) DOUAI
15) DOUARNENEZ
16) DREUILHE
17) DREUX
18) DUNKERQUE

JEUX

U	U	M	K	E	L	B	Q	R	T	A	R	E	M	O	D	A	G	D	L
V	Z	M	M	F	I	E	H	G	P	Y	L	U	K	B	Q	V	S	O	S
B	T	K	A	M	N	L	Y	D	U	X	P	Q	N	O	J	I	D	M	Z
I	K	D	A	M	P	I	E	R	R	E	G	R	F	Ç	W	T	A	E	S
K	X	P	T	L	C	S	A	Ç	H	A	D	E	Y	A	B	Q	S	V	A
Ç	E	P	P	E	I	D	K	N	C	R	Z	K	O	D	Ç	E	G	R	Z
X	D	G	Z	Q	S	L	F	J	E	I	U	N	D	O	H	E	G	E	L
Y	K	S	J	B	U	F	D	U	C	D	Z	U	S	L	W	C	D	P	I
E	E	N	D	E	M	H	X	E	Z	T	E	D	I	E	X	G	N	W	N
D	Y	I	R	P	J	Z	D	E	V	C	N	U	K	W	N	C	Q	L	A
R	E	A	D	J	A	I	T	N	P	F	E	H	N	X	A	T	Z	Q	Ç
M	T	B	U	U	O	N	B	P	M	R	N	S	Z	G	Z	B	S	O	H
P	E	S	F	I	G	A	H	T	D	I	R	K	S	S	S	E	B	V	D
U	S	E	V	K	V	T	P	T	K	U	A	C	U	O	P	L	A	G	Y
M	C	L	N	R	D	G	P	P	O	C	U	L	O	X	L	L	Ç	T	M
D	B	E	A	Z	H	X	X	S	N	P	O	M	J	O	X	A	D	Ç	B
B	G	N	N	E	L	M	O	D	X	D	D	N	F	P	U	W	O	D	W
E	Q	G	I	R	Z	H	J	V	J	G	V	F	V	T	A	X	U	F	H
I	S	I	D	Ç	E	F	O	N	G	V	B	K	S	J	D	X	A	T	E
H	R	D	B	X	K	J	D	Z	U	B	H	C	Z	C	L	L	I	B	M

Solution page 609

Les dingueries de notre corps

1 000 : c'est le nombre de fois que notre sang fait le tour complet de notre organisme en une journée.

69 : c'est le nombre d'enfants dont a accouché une paysanne russe !

200 : c'est, en milliards, le nombre de cellules composant le corps humain, dont 86 milliards de neurones.

10 : c'est le pourcentage estimé de gauchers dans le monde.

150 : c'est le nombre de calories par heure qu'un être humain dépense en frappant sa tête contre un mur. Une étude très utile, n'est-ce pas ?

Ma faculté à attirer les cons me fait penser à une boîte de Kleenex.

Tu en tires un et l'autre est déjà prêt !

Les dingueries de nos amies les bêtes

12 000 : c'est le nombre de récepteurs dans les yeux composés (à facettes) des papillons. Ils ont aussi des yeux simples, qui se concentrent surtout sur des objets individuels.

30 : c'est le nombre de minutes durant lesquelles peut durer un orgasme chez le cochon (l'animal). Le chanceux !

14 000 : c'est le nombre de dents que possèdent les escargots, placées sur leur « radule ». En voilà une langue râpeuse !

9 mars :

Début des célébrations pour les 364 Journées internationales de l'homme.

UN PHOTOGRAPHE PEUT-IL ATTEINDRE SES OBJECTIFS ?

SUDOKU

FACILE

6	4	2		3		1	5	
8			6	1		2	4	
	1				7	8	3	6
	3				4		8	
7			1	2		3		4
		1		8			7	2
9	5						1	
							9	
1	6		7	9			2	

Solution page 613

La vieille Lucienne envoie une lettre à Dieu :
« Cher Dieu, on m'a volé mon portefeuille avec un billet de 100 euros, c'est tout ce qui me restait pour finir le mois… »
À la poste, tous les facteurs sont au courant de sa mésaventure et sont très touchés par cela. Ils ouvrent la lettre et, dans un élan de générosité, ils rassemblent 95 euros qu'ils glissent dans une enveloppe puis l'envoient à la vieille dame.
Lucienne reçoit le courrier et répond :
« Cher Dieu, merci beaucoup !!! Oh, à propos, il manquait 5 euros. Ça doit être ces enculés de la poste ! »

CARRÉ MAGIQUE

FACILE

Obtenez la somme de **381** sur toutes les lignes horizontales et verticales !

113		26	86	65	80
	104		71	77	83
101			74	89	68
	92	107		38	53
98	23		44		56
20	116	95		62	

Solution page 604

Charade

Mon **premier** vous
RÉVEILLE LE MATIN,
Mon **deuxième** se renverse
PAR JEU,
On aime bien **CACHER**
mon **troisième**,
Mon **tout** est dans la **MER**.

Solution : Coquillage (Coq-Quille-Âge).

« Alexa, où est mon père ?
– Votre père est à Pigalle dans un club de strip-tease.
– Hahaha ! Je t'ai bien eu, Alexa. Mon père est assis à côté de moi !
– Non, le mari de votre mère est assis près de vous, mais votre père est à Pigalle dans un club de strip-tease. »

« Chérie, j'ai regardé
une émission médicale
très intéressante, à la télé.
Michel Cymes disait à Adriana
Karembeu qu'une femme qui
ne fait pas assez l'amour peut
devenir extrêmement irritable.
– Et alors ??? J'en ai rien
à foutre de tes conneries,
connard !!! »

AVEC 12 BOÎTES VOUS POUVEZ FORMER FACILEMENT UN CARRÉ DE 4 BOÎTES PAR CÔTÉ !

MAIS COMMENT, AVEC CES MÊMES 12 BOÎTES, FORMER UN CARRÉ AVEC 5 BOÎTES PAR CÔTÉ ?

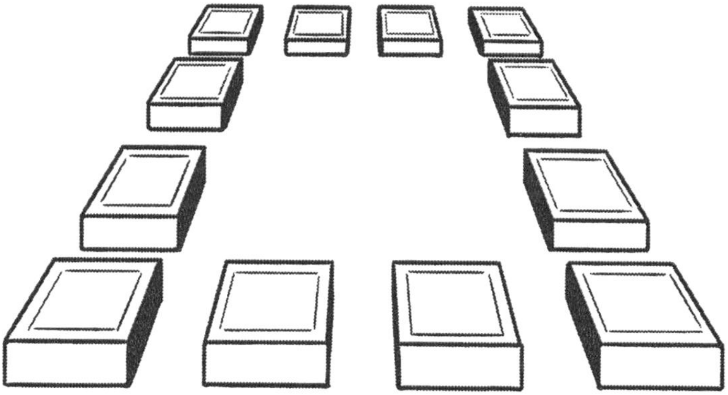

Solution page 617

Le saviez-vous ?

Mon chien se reconnaît-il dans le miroir ?

On trouve pléthore de vidéos amusantes sur YouTube, dans lesquelles un chien aboie ou un chat hérisse ses poils face à une glace. Tout propriétaire d'animal s'en rend vite compte : les miroirs sont des objets fascinants pour nos petits compagnons. Mais, au risque de vous décevoir, félins et canidés ne comprennent pas qu'il s'agit de leur reflet. Cette forme d'intelligence est réservée à quelques élus : les êtres humains, bien entendu, les grands singes, les éléphants, les dauphins… et les pies !

Comment le sait-on ? Grâce à une méthode scientifique très simple, appelée « le test du miroir ». Il suffit d'apposer une tache très visible sur le front de l'animal et de le placer devant une glace. Si, en examinant son reflet, le sujet touche la tache et tente de la faire disparaître, c'est certain : il a conscience de se contempler soi-même.

Et pour les bébés ? Même si, dès l'âge de trois mois, les nourrissons sourient avec joie en croisant leur reflet dans la glace, ils mettent beaucoup plus de temps à comprendre qu'il s'agit d'eux-mêmes. Il leur faut d'abord accéder à une information essentielle : ils existent en tant qu'individus à part entière, différents de papa ou de maman. Cette étape intervient généralement à l'âge de 18 ou 24 mois ; on l'appelle, d'ailleurs, « le stade du miroir ».

Le petit Mario rentre de l'école tout fier :
« Maman ! J'ai très bien répondu à une question de la maîtresse à l'école aujourd'hui ! Elle était fière de moi, je suis sûr…
– Super ! Et quelle était la question ?
– "Qui a pété ?" »

QUEL EST L'INTRUS ?

FOOTBALL

BASKET-BALL

WATER-POLO

RUGBY

GOLF

FOOTBALL AMÉRICAIN

Solution : Golf. Tous les autres sports de la liste impliquent de frapper ou de jouer avec un ballon, tandis que le golf implique de frapper une balle avec un club pour l'envoyer dans un trou.

... « MON ORDINATEUR A UN BUG. »

Les Anglophones auront déjà fait le lien : *bug* ne signifie pas seulement **« *anomalie informatique* »**, mais aussi « insecte ». On utilise ce mot en référence à une anecdote amusante survenue en 1944. À l'époque où les premiers ordinateurs étaient de taille colossale, l'équipe technique du calculateur américain ENIAC (Electronic Numerical Integrator Analyser and Computer) se heurta à un souci de taille. Leur précieuse machine venait de s'éteindre brutalement... Après avoir inspecté chaque élément de fond en comble, les informaticiens découvrirent le coupable : un petit papillon de nuit avait grillé dans un relais ! Les techniciens s'amusèrent ensuite à déclarer **« On enlève les bugs »** dès que la machine dysfonctionnait.

JEUX

MOTS CROISÉS

HORIZONTALEMENT

1. Charrues métalliques
2. Rééquipera
3. Coulée de lave volcanique
4. Césium – Vendit en cassant les prix
5. Anciennement, un javelot court utilisé par l'infanterie
6. Brille – Point cardinal indiquant la direction du lever du soleil
7. Erbium – Lettre de l'alphabet grec
8. Familièrement, personnes empruntant souvent de l'argent

VERTICALEMENT

I. Bijou porté autour du poignet
II. Garantit à nouveau
III. Fleuve côtier des Hauts-de-France – Célèbre nombre
IV. Commune du Territoire de Belfort
V. Americium – Radon – Symbole chimique de l'or
VI. Personne qui nie ou critique quelque chose
VII. Tour – Verso
VIII. Marais de Guérande

	I	II	III	IV	V	VI	VII	VIII
1								
2								
3			■		■		■	
4			■					
5								
6					■			
7			■				■	
8								■

Solution page 616

Humour

Malika, 18 ans, est bien déçue :
« Je croyais l'avoir enfin, mon permis… Je suis arrivée au rond-point. Il y avait un panneau « 30 », alors j'ai fait 30 fois le tour. Et encore raté ! »
Son amie Jessica est étonnée :
« Ah, mince ! Et tu t'es trompée de combien de tours ? »

Après une soirée très arrosée et avoir effectué la tournée de bars qui ferment les uns après les autres, Loïc propose à Victor d'aller chez lui.

Il ouvre doucement la serrure et demande à son pote d'entrer sur la pointe des pieds pour ne pas réveiller sa femme. Ils se dirigent immédiatement vers la cuisine pour prendre une nouvelle bière. À ce moment-là, Victor demande :

« Dis-moi… où se trouvent les toilettes, s'il te plaît ? »

Loïc lui montre le couloir.

Lorsque Victor revient près du frigo, il prévient son ami :

« Eh, t'es cocu ! Je me suis trompé, je suis entré dans ta chambre… Y'a ta femme qu'est en train de baiser avec un homme ! »

Loïc met alors son index sur sa bouche et dit :

« Chuuuuuttttt… Il n'y a que deux bières ! »

Quelle est la différence entre un fou et un psychiatre ?

Le salaire.

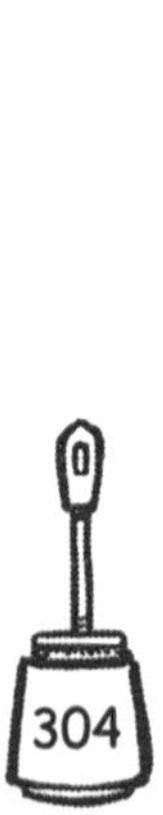

LABYRINTHE

MOYEN

Humour

Un chevalier décide de partir en croisade pour une durée de cinq à six ans.
Avant son départ, il verrouille à double tour la ceinture de chasteté de son épouse. Cette dernière se plaint :
« Comment vais-je faire pour aller à la selle ?
– Il y a des trous à cet effet, madame !
– Excusez-moi, mon preux chevalier, mais si la semence dont vous m'avez honorée cette nuit est fertile, comment vais-je faire pour mettre au monde votre enfant ?
– C'est exact…
– Pourquoi ne confiez-vous pas la clé de ma ceinture à votre homme de confiance ? »
Le chevalier réfléchit et se dit que celui-ci est effectivement la seule personne sur laquelle il peut compter, et ce, depuis de nombreuses années.
Il tend donc la clé à son serviteur et lui dit :
« Tiens ! Garde la clé de la ceinture de chasteté de ma femme. Tu ne l'ouvriras que si elle doit accoucher ! »
Très heureux de tenir en main le précieux sésame, le serviteur acquiesce :
« Bien, monseigneur… »
Du coup, le chevalier, rassuré, saute sur son cheval et quitte le château. Quelques instants plus tard, il est rejoint par son serviteur qui est parvenu à le rattraper en courant.
« Monseigneur, monseigneur !!! Attendez-moi !!! »
Le chevalier stoppe son cheval.
« Que diable se passe-t-il ?
– Monseigneur ! dit le serviteur en montrant la clé de la ceinture. Vous vous êtes trompé, ce n'est pas la bonne clé… »

Vrai ou faux ?

Il existe un oiseau qui ne se pose jamais.

Vrai (ou presque).
Il s'appelle « *apus apus* », ce qui signifie « sans pied » en latin. Plus couramment nommé « martinet », ce drôle d'oiseau a la particularité d'être très rarement observé à terre ou perché sur une branche. Et pour cause : il peut passer plus de 10 mois d'affilée dans les airs !
D'après la science, le martinet rechigne à se poser en raison de ses grandes difficultés... à redécoller. La nature a doté ce cousin des hirondelles de très longues ailes et de pattes minuscules. Il préfère donc se laisser porter par les courants d'air, se nourrissant de « plancton aérien » et buvant en passant au ras des plans d'eau. Cet oiseau exceptionnel est capable de relier la France et l'Afrique subsaharienne d'une seule traite !

… « JE T'EMMÈNE EN WEEK-END ! »

Cette expression si plaisante aux oreilles nous vient d'Angleterre, où elle est née en 1906. Un mot-valise tout simple – *week* : **« semaine »** ; *end* : **« fin »** – que l'on peut lire pour la première fois chez nous dans le livre *L'Île inconnue* de Pierre de Coulevain, mais il ne sera adopté par le grand public qu'en 1920. Le terme a rapidement suscité l'unanimité, jusqu'à être utilisé aujourd'hui presque dans le monde entier. Les Québécois restent toutefois réfractaires au **« week-end »**, préférant parler tout simplement de **« fin de semaine »**. CQFD.

La symphonie fantastique.

LA NYMPHO
S'ASTIQUE
LA FENTE

Les dingueries de nos amies les bêtes

150 : c'est le nombre de fois sa hauteur qu'une puce peut sauter. Si elle faisait la taille d'un être humain, elle atteindrait d'un seul bond le 100e étage d'un immeuble... Impressionnant, non ? Un exploit rendu possible grâce à la résiline, une matière extrêmement élastique qui relie ses pattes à son thorax.

3 : c'est le nombre de cœurs que possèdent les pieuvres. Elles ont aussi **9** cerveaux !

PSG comme patron si généreux

Tout le monde n'a pas la chance d'avoir fait le ménage chez Thomas Tuchel, ex-entraîneur du club de football du Paris Saint-Germain. La chance ? Eh oui, car le coach allemand a prouvé qu'il avait un grand cœur.

Installé en Île-de-France en 2018, Thomas Tuchel recruta une femme de ménage d'origine philippine pour prendre soin de sa maison. Lorsqu'il découvrit qu'elle ne comptait pas ses heures afin de financer l'opération du cœur d'un de ses enfants, l'entraîneur décida tout bonnement de lui offrir les fonds nécessaires.

Ce n'est pas tout : avant de quitter le PSG pour rejoindre le Chelsea Football Club, Thomas Tuchet fit un magnifique cadeau de départ à sa femme de ménage. Il réalisa son rêve de retourner vivre dans son pays d'origine en lui achetant une villa aux Philippines.

Certes, tout le monde ne peut pas se permettre d'être aussi généreux, mais il s'agit malgré tout d'une jolie histoire, non ?

JEUX

SUDOKU

DIFFICILE

1	9			5	3	8	2	4
4			8		9		5	6
				7	4		1	3
8			7				6	
9	2						4	
7		6		3		1		
2						4		
	1						7	
		8	3		6	2	9	1

Solution page 613

Je viens de brûler
3 000 calories !

J'ai oublié de sortir
la pizza du four.

« Je mange des restes mâchés, des bouts de gâteaux pas bons, des yaourts entamés, des brocolis froids…

– Tu es pauvre ?

– Non. Je suis parent. »

LA BALANCE

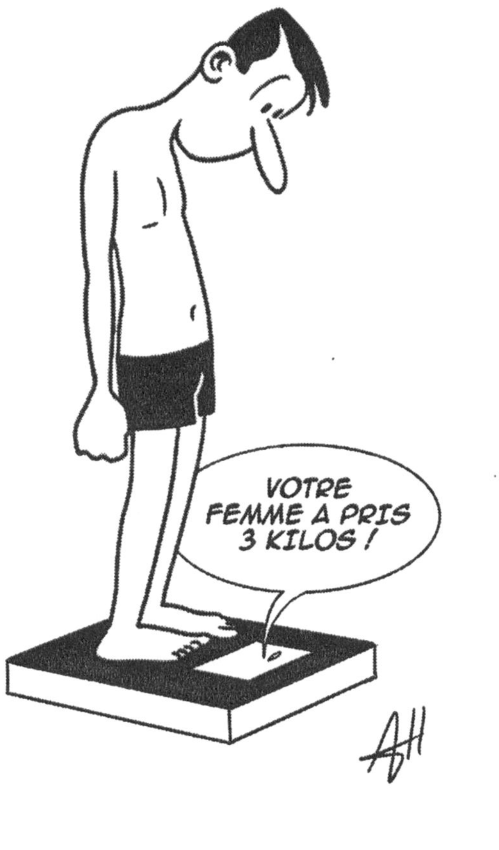

43 079 : c'est le nombre d'habitants par kilomètre carré à Manille, capitale des Philippines. Un record sur Terre… pour une ville. Car il existe des quartiers beaucoup plus denses, tel celui de Mong Kok à Hongkong qui est entré au Guinness des records en tant que « quartier le plus peuplé de la planète » avec ses… 130 000 hab./km^2 ! À l'inverse, l'endroit du monde le moins densément peuplé est, sans grande surprise, le Groenland (0,03 hab./km^2). Et chez nous ? On trouve 20 641 hab./km^2 à Paris (25 200 si l'on ne compte pas les bois de Boulogne et de Vincennes), ville la plus dense d'Europe, mais seulement 14,8 hab./km^2 en Lozère, département le moins peuplé et le moins dense de France métropolitaine.

200 : c'est le nombre d'exemplaires de son premier disque (« Il y a » / « La foire ») que vendit Jacques Brel. Bien loin des succès magistraux de « La Valse à mille temps », de « Quand on n'a que l'amour » ou de « Ne me quitte pas » !

« Tu commences à me les briser sérieusement avec Céline Dion ! Si j'entends encore une seule chanson d'elle dans la baraque, je passe ta platine par la fenêtre, et toi avec ! Tu m'as bien compris ???

– J'ai compris tous les mots. J'ai bien compris, merci ! »

Mieux vaut se laver les mains après avoir commandé McDo

Sauf si vous n'êtes pas dérangé(e) par les matières fécales. En effet, d'après une enquête menée par le département de microbiologie de l'université métropolitaine de Londres, les tablettes tactiles utilisées pour commander son repas au sein des fast-foods seraient de vrais nids à bactéries. Les auteurs de l'étude ont été choqués de constater que les surfaces des appareils présentaient toutes des traces d'excréments humains, mais aussi parfois de listeria et de staphylocoques. Le résultat a été le même dans les huit McDonald's testés. Miam…

CARRÉ MAGIQUE

MOYEN

Obtenez la somme de **117** sur toutes les lignes horizontales et verticales !

10		6	28		24
		4	23	27	22
3	7			25	26
30	34	8	12		
32	9		14	18	
37	2	33		11	15

Solution page 604

MOTS MÊLÉS

Villes africaines

Saurez-vous retrouver chacun des mots cachés dans ce tableau ?

Les mots peuvent être écrits horizontalement, verticalement, en diagonale ou à l'envers.

Mots à trouver :

1) ACCRA
2) ALGER
3) ASMARA
4) BAMAKO
5) LE CAIRE
6) DAKAR
7) FES
8) GABORONE
9) HARARE
10) KAMPALA
11) KHARTOUM
12) KIGALI
13) LAGOS
14) LOME
15) LUANDA
16) LUSAKA
17) MOGADISCIO
18) NAIROBI
19) RABAT
20) TUNIS

JEUX

Ç	R	J	C	F	E	K	J	Ç	Y	M	E	E	A	E	Z	P	Y	J	Z
F	H	A	Q	C	I	W	Q	U	O	D	S	C	O	D	Q	X	A	O	Z
U	R	W	K	G	I	Ç	H	G	A	R	C	C	A	R	E	D	D	K	N
J	F	Z	A	A	H	U	A	Y	I	S	M	W	L	R	N	L	A	B	U
B	V	L	C	T	D	D	R	J	X	P	D	L	Z	A	O	J	F	Ç	J
Q	I	E	G	V	I	E	A	L	Z	A	U	X	U	R	R	W	M	C	X
Z	U	W	Y	S	P	J	R	P	L	Y	O	L	T	S	O	J	X	W	O
W	B	H	C	C	K	F	E	O	K	A	M	A	B	Y	B	K	J	R	Ç
G	D	I	E	D	O	I	G	I	B	G	C	U	S	Y	A	G	Q	F	K
L	O	N	Y	W	P	I	F	J	K	V	X	I	R	X	G	L	I	J	P
E	Z	C	M	V	M	U	G	F	L	H	N	Z	Q	Ç	A	O	X	J	S
C	T	F	A	V	B	J	R	A	Z	U	A	E	T	G	T	M	R	L	I
A	E	A	R	E	I	A	U	L	T	S	I	R	O	A	R	E	F	S	V
I	K	Ç	R	F	B	B	U	G	A	C	P	S	T	N	K	B	O	E	R
R	X	A	V	A	Z	U	O	E	U	D	J	G	P	O	E	A	O	F	T
E	T	C	T	T	M	Q	C	R	P	I	P	V	X	K	U	E	S	B	R
H	Q	P	N	B	L	S	C	Q	I	K	J	J	R	Y	B	M	G	U	F
U	Q	A	P	I	U	K	A	M	P	A	L	A	L	E	Q	N	M	T	L
O	H	B	I	E	P	H	A	B	F	T	N	X	V	D	H	M	Z	W	U
G	J	S	N	I	B	Y	Ç	U	H	B	I	F	B	O	T	Q	W	Z	O

Solution page 610

10 ASTUCES NATURELLES POUR ÊTRE MOINS STRESSÉ :

1. **Méditation :** pratiquer la méditation quotidienne pour calmer l'esprit et réduire l'anxiété.

2. **Respiration profonde :** utiliser des techniques de respiration profonde pour détendre le système nerveux.

3. **Exercice physique :** faire régulièrement de l'exercice, comme la marche, le yoga ou le vélo, pour libérer les tensions.

4. **Nature :** passer du temps dans la nature, comme les parcs ou les forêts, pour se ressourcer et se détendre.

5. **Alimentation équilibrée :** manger sainement en privilégiant les aliments riches en nutriments qui soutiennent le bien-être général.

6. **Sommeil suffisant :** veiller à obtenir suffisamment de sommeil réparateur chaque nuit.

7. **Musique apaisante :** écouter de la musique relaxante pour diminuer le niveau de stress.

8. **Herbes et tisanes :** consommer des herbes calmantes comme la camomille, la mélisse ou la passiflore en tisanes.

9. **Rituel relaxant :** établir un rituel de relaxation en fin de journée, comme un bain chaud ou la lecture.

10. **Expression créative :** trouver une activité créative, comme le dessin, l'écriture ou le jardinage, pour exprimer les émotions et réduire le stress.

QUEL EST L'INTRUS ?

CHIEN

CHAT

VACHE

LION

CROCODILE

Solution : Vache. Tous les autres animaux sont des prédateurs carnivores, tandis que la vache est un herbivore.

« Tu crois que
la vie est plus belle
après la mort ?
– Ça dépend.
Après la mort
de qui ? »

POUR COGITER…

« Il n'y a pas de hasard dans les rencontres… Les rencontres les plus importantes ont été préparées par les âmes avant même que les corps ne se voient. »

Paulo Coelho

« Ça te dit qu'on achète un plat préparé au supermarché et qu'on regarde un film sur mon ordinateur ?

– Un dîner Auchan-Dell, quoi… »

« Bonjour !
Comment je peux faire pour aller à l'hôpital, s'il vous plaît ?
– Facile ! Vous traversez la rue… sans regarder. »

63 : c'est le nombre de caractères du plus long mot allemand d'usage courant. Il s'agit de (retenez votre souffle) : *Rindfleischetikettierungsüberwachungsaufgabenübertragungsgesetz* ! Ce doux nom signifie « loi sur le transfert des tâches de surveillance de l'étiquetage de la viande bovine ». C'est bon, vous l'avez ?

40 : c'est le nombre de lettres que pouvait écrire Voltaire en une journée. Il en avait des choses à raconter...

J'ai besoin d'un café
pour sortir du lit, mais
en même temps,
j'ai besoin de sortir
du lit pour faire
un café.

Je suis dans l'impasse.

« Papa, ça sert
à quoi un
préservatif ?
– En théorie,
à éviter ce genre
de questions. »

Quel est le point commun entre une diarrhée et une voiture électrique ?

La peur de ne pas arriver à la maison.

18,8 : c’est le nombre de millions de *followers* que compte Squeezie (au 25 avril 2024). Il a battu un autre record en septembre 2023 lors de sa course automobile GP Explorer 2 : 1,3 million de connexions sur Twitch !

2 693 000 : c’est le nombre d’unités du Pepper X sur l’échelle de Scoville, ce qui en fait le piment le plus fort au monde. À titre de comparaison, le piment d’Espelette ne propose que 2 000 unités sur l’échelle de Scoville (contenance de capsaïcine, ce qui donne la sensation de brûlure en bouche).

Comment la poupée Barbie est devenue une icône

Personne n'est passé à côté du phénomène Barbie, ces poupées au sourire éclatant et à la silhouette élancée, collectionnées par les enfants depuis les années 1960. D'ailleurs, le long-métrage *Barbie*, sorti en 2023 avec Margot Robbie dans le rôle de la belle blonde, a rendu un bel hommage à la genèse du jouet.

Si Barbie a connu un tel succès, c'est parce que sa créatrice a su se montrer à l'écoute de ses meilleurs clients : les enfants eux-mêmes. Ruth Handler, la femme du fondateur de l'entreprise Mattel, avait une petite fille appelée Barbara. Sur la demande de cette dernière, la visionnaire décida de s'éloigner du poupon habituel et de designer une poupée sur un modèle de femme adulte – du jamais vu, à l'époque.

La fameuse Barbie (nommée ainsi en l'honneur de Barbara) fut commercialisée pour la première fois en 1959. Cette femme « idéale », aux allures de mannequin, connut immédiatement un incroyable succès. Barbie chanteuse, astronaute, institutrice, scientifique… Blonde aux yeux bleus, mais aussi métisse, asiatique, aux cheveux courts, et même récemment en fauteuil roulant… Face aux critiques, la marque Barbie est devenue, au fil des années, beaucoup plus inclusive, et c'est tant mieux !

JEUX

SUDOKU

FACILE

7	5					2		
9	3						4	
		8		3	4		9	
8	1					4		3
6				7			2	
			3		1	9		8
	8	6			3	7		9
	2			6	7		8	4
3		1				6		

Solution page 613

Un rencard, c'est comme une activité de jardinage. Ça finit soit par une pelle, soit par un râteau.

ALORS, CE RÉGIME ?
TA GUEULE !

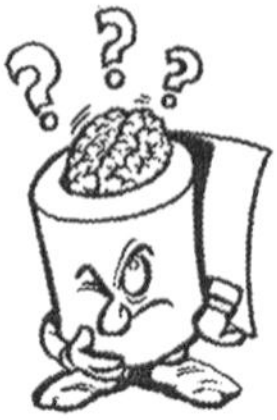

QUIZ

Quelle a été la première ville au monde à accueillir les Jeux olympiques d'été pour la deuxième fois ?

a. Los Angeles
b. Londres
c. Paris
d. Mexico

Solution : c. Paris, en 1924. Vingt ans auparavant, elle avait été l'hôte des JO de 1900. Avec les dernières Olympiades qu'elle a accueillies en 2024, elle est devenue la deuxième ville des Jeux modernes à accueillir trois éditions, après Londres (1908, 1948, 2012). Los Angeles sera la troisième à franchir cette étape quand elle organisera les JO de 2028, après ceux de 1932 et 1984.

DANS LES LIBRAIRIES ITALIENNES, LES AUTEURS VÉNITIENS SONT-ILS EN TÊTE DE GONDOLE ?

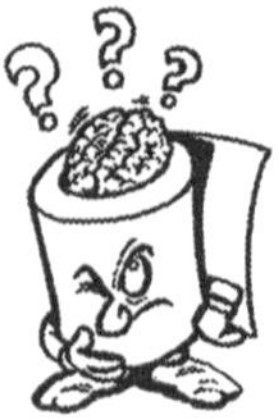

Pourquoi cette piste de ski est-elle classée noire ?

Les fanas de glisse sur la neige ont toujours leur avis sur la question : « Cette piste est plus difficile qu'elle n'en a l'air », « Je n'en ai fait qu'une bouchée alors que c'est une noire », etc. Mais, au fait, qui décide du classement des pistes de ski, et selon quels critères ?

Le responsable de chaque station de ski détermine avec grand sérieux la difficulté de chaque piste. Du vert au noir, en passant par le bleu et le rouge, voici les points qui sont étudiés :
– l'inclinaison de la pente, bien entendu ;
– la longueur de la descente ;
– la largeur de la piste ;
– le nombre de virages ;
– la difficulté des virages ;
– et les croisements avec d'autres pistes de ski.

Évidemment, ces critères sont plus ou moins subjectifs et dépendent de l'habileté de chaque skieur, mais ils sont tout de même de bons indicateurs. Allez, tout schuss !

Rue de la paix

PUE DE LA RAIE

LABYRINTHE

MOYEN

660 : c’est le nombre de mètres de fil que l’on peut fabriquer avec un seul gramme d’or. Ce métal si précieux est un des matériaux les plus ductiles, c’est-à-dire pouvant être étirés ou déformés sans rompre.

15 : c’est, à ce jour, le pourcentage atteint par la proportion des rues, espaces verts et équipements de la ville de Paris portant le nom d’une femme, contre **6 %** au début des années 2000. Il y a encore du chemin à faire…

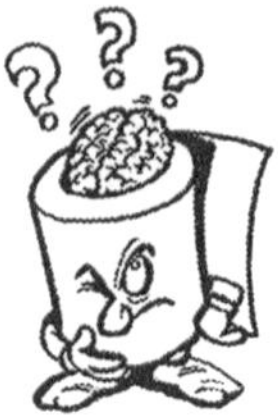

QUIZ

LES GRANDS QUIZ

Testez vos connaissances sur Pablo Picasso :

1. Quel est le nom complet de Pablo Picasso ?

a. Pablo Diego José Francisco de Paula Juan Nepomuceno María de los Remedios Crispín Cipriano de la Santísima Trinidad Ruíz y Picasso

b. Pablo Antonio José Francisco de la Paula Juan Nepomuceno María de los Remedios Cipriano de la Santísima Trinidad Clito Ruíz y Picasso

c. Pablo Diego José Francisco de Paula Juan Nepomuceno María de los Remedios Cipriano de la Santísima Trinidad Clito Picasso

d. Pablo Antonio José Francisco de la Paula Juan Nepomuceno María de los Remedios Cipriano de la Santísima Trinidad Martyr Picasso

2. Dans quel style artistique Picasso a-t-il commencé sa carrière ?

a. Cubisme

b. Surréalisme

c. Fauvisme

d. Réalisme

QUIZ

3. En termes de dimensions, quel est son plus grand tableau ?

a. *Massacre en Corée*
b. *Guernica*
c. *Le Rêve*
d. *La Vie*

4. En quelle année Picasso a-t-il peint *Les Demoiselles d'Avignon* ?

a. 1907
b. 1910
c. 1920
d. 1930

5. Combien de fois Picasso a-t-il été marié au cours de sa vie ?

a. 1 fois
b. 2 fois
c. 3 fois
d. 4 fois

6. Qui était la muse principale de Picasso pendant sa période rose ?

a. Dora Maar
b. Marie-Thérèse Walter
c. Fernande Olivier
d. Olga Khokhlova

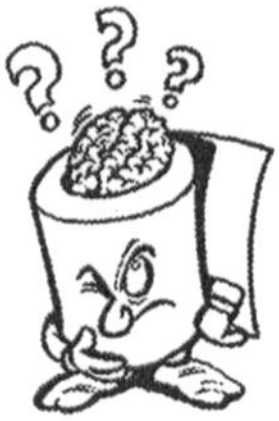

QUIZ

7. Dans quel pays l'artiste a-t-il passé la majeure partie de sa vie ?

a. Espagne
b. France
c. Italie
d. États-Unis

8. Quelle est la signification de la période « cubisme analytique » dans l'œuvre de Picasso ?

a. Une représentation réaliste des formes et des objets
b. La décomposition d'objets en formes géométriques
c. L'utilisation de couleurs vives et audacieuses
d. Une expérimentation avec des techniques de collage

Solutions : 1a. Pablo Diego José Francisco de Paula Juan Nepomuceno María de los Remedios Crispín Cipriano de la Santísima Trinidad Ruíz y Picasso – 2d. Réalisme – 3b. *Guernica* (probablement aussi le plus célèbre, il mesure 3,49 m sur 7,76 m, soit une superficie de 27 m², et il est conservé au Museo Nacional Centro de Arte Reina Sofía de Madrid) – 4a. 1907 – 5b. 2 fois (avec Olga Khokhlova de 1918 à 1955 et Jacqueline Roque de 1961 à 1973) – 6c. Fernande Olivier – 7b. France – 8b. La décomposition d'objets en formes géométriques.

Vrai ou faux ?

Le bleu est la couleur préférée de l'humanité.

Vrai.
Plus précisément, le bleu-vert.
D'après des chercheurs américains, la raison en est très simple : cette nuance nous ferait irrésistiblement penser à l'océan, au ciel, à la nature... En somme, à des valeurs d'évasion, de liberté et de beauté. Et vous, le bleu est-il aussi votre couleur favorite ?

« Ma chérie,
je trouve que ta jupe
est trop courte !
– Tu veux vraiment
qu'on parle de choses
trop courtes ?
– Heu... cette jupe
te va à merveille. »

CARRÉ MAGIQUE

MOYEN

Obtenez la somme de **123** sur toutes les lignes horizontales et verticales !

	9	4	26		22
10	32	6		23	24
30	7		21		29
3	34	38		16	
		33	19	14	15
8	36		17	18	

Solution page 604

« Papa, c'est quoi la violence domestique ?
– C'est quand ta mère attend le début du match pour passer l'aspirateur. »

Quel est le point commun entre le raisin, le cavalier et le soleil ?

… Ce sont tous les trois des noms de formats de papier (500 × 650, 460 × 620 et 600 × 800 mm) ! On peut aussi citer le jésus (560 × 720), le grand colombier (630 × 900) ou encore l'écu (400 × 520).

Et notre bonne vieille feuille A4 ? Il a été décidé en 1947 que ce format universel aurait pour dimensions 210 sur 297 mm. En effet, pour des raisons de praticité, la feuille standard devait faire 1 mètre carré de surface. Il était aussi souhaitable que chaque moitié dans le sens de la largeur ait les mêmes proportions que le format original. Ainsi était née la feuille A0 (841 × 1189 mm), puis ses petites sœurs, les feuilles A1 (594 × 841), A2 (420 × 594), A3 (297 × 420), etc.

Homme : utilise l'amour
pour obtenir du sexe.

Femme : utilise le sexe
pour obtenir l'amour.

Moi : utilise le téléphone
pour commander
une pizza.

0,69 :
c’est le nombre de grammes par centimètre cube correspondant à la densité moyenne de Saturne. Composée principalement d’hydrogène, la planète est si peu dense qu’elle pourrait flotter dans une (immense) piscine.

Quel est l'animal
le plus rapide
du monde ?

Le pou. Parce
qu'il est toujours
en tête !

ZUT,
IL COMMENCE
À PLEUVOIR !
TIENS, PRENDS MA CASQUETTE...
OH,
C'EST TROP GENTIL !
MAIS TU VAS ÊTRE
TOUT MOUILLÉ !
NON, NE T'INQUIÈTE PAS
J'AI UN PARAPLUIE...

Pourquoi les cagoles
se promènent-elles dans
la savane avec une
enclume ?

Parce que si un lion
les attaque, elles peuvent
lâcher l'enclume pour
courir plus vite !

Au PMU du coin, Gérald et son pote Michel s'apprêtent à faire un quarté.
Gérald propose à Michel :
« Et si on jouait une combinaison au hasard ? Combien t'as bu de verres ?
– Euh… trois.
– Bien, on joue le 3. Tu as fumé combien de cigarettes depuis ce matin ?
– Attends que je réfléchisse… 5, 6… 10… 12 !
– OK ! Jouons le 12. Maintenant, combien y a-t-il de kilomètres entre chez toi et le café ?
– Six !
– Donc, le 6. Tu as fait combien de fois l'amour ce mois-ci ?
– Oh, là ! Faut que je compte… euh… 7, 8… Uniquement avec ma femme ou en comptant aussi les fois avec mes maîtresses ?
– Les deux…
– OK ! Donc : 9, 10… 13, 14… 19 ! Ça doit faire dix-neuf !
– Super ! Le 19. Heureusement qu'il y a 19 partants… C'est un signe du destin ça ! »
Les deux amis jouent donc la combinaison : 3-12-6-19.
Le soir même, Michel écoute la radio les résultats des courses et entend :
« L'arrivée de la troisième course à Longchamp, premier : le 3. Deuxième : le 12. Troisième : le 6. Quatrième : le 1.
Michel se met à gueuler :
« Merde ! Merde ! Merde !!! J'aurais dû dire la vérité ! »

JEUX

SUDOKU

FACILE

9		7	3	6	8		1	5
		5			2			4
3			5		1	8	7	
4			8		5		3	
	3			1		6	9	
	7		9	3				
	2		1		7	4	5	3
	5	4				9	8	
8				5				6

Solution page 613

Quand je vais chez ma maîtresse, je gare toujours ma voiture à l'emplacement réservé par son mari en laissant un bout de papier avec mon numéro de téléphone sur le pare-brise.

Il m'appelle toujours pour libérer sa place de parking…

La VRAIE formule pour calculer où la foudre est tombée

Vous avez peut-être déjà entendu dire que lors d'un orage, il fallait compter le nombre de secondes entre l'apparition de l'éclair et le bruit du tonnerre afin de connaître le lieu d'impact de la foudre. Mais, contrairement à une légende tenace, une seconde n'équivaut pas à un kilomètre de distance de votre position…

Sachez que la lumière de l'éclair voyage à 300 000 kilomètres par seconde ; autant dire que vous la voyez presque instantanément. Le son de la foudre, lui, met plus de temps à parvenir à vos oreilles, car il va à la vitesse de 340 mètres par seconde. Il parcourt donc un kilomètre en 3 secondes.

On en conclut que la formule à retenir est : **x secondes entre l'éclair et le tonnerre / 3**. Un exemple ? Si vous pouvez compter 9 secondes dans cet intervalle de temps, la foudre est tombée à 3 kilomètres de votre position. Simple, non ?

Mon papa est un vrai trouillard !

Chaque fois que maman n'est pas là, il va dormir chez la voisine.

QUEL EST L'INTRUS ?

TOKYO

PÉKIN

LONDRES

PARIS

NEW YORK

MOSCOU

Solution : New York. C'est la seule ville de la liste qui n'est pas une capitale.

Je ne comprends pas pourquoi les banquiers se fâchent quand on ne peut pas rembourser un prêt.

Ils savaient pourtant déjà que je n'avais pas d'argent quand je suis venu l'emprunter.

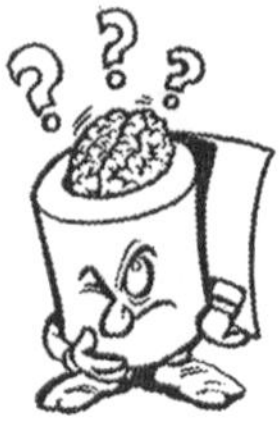

QUIZ

Où se trouve la chaîne montagneuse de la cordillère des Andes ?

a. Afrique
b. Europe
c. Amérique du Nord
d. Amérique du Sud

Solution : d. Amérique du Sud. Elle est longue de 7 150 kilomètres, large de 200 à 700 kilomètres, avec une altitude moyenne de 4 000 mètres et un point culminant à 6 962 mètres à Aconcagua (en Argentine).

Jessica la cagole
entre dans une boutique
de prêt-à-porter :

« Bonjour, j'aimerais
beaucoup essayer la robe
en vitrine…
– Ah, non ! Ce n'est pas
possible. Vous devez utiliser
la cabine d'essayage ! »

10 ASTUCES NATURELLES POUR MIEUX DORMIR :

1. **Routine régulière :** aller au lit et se réveiller à la même heure chaque jour pour réguler l'horloge biologique.

2. **Environnement calme :** s'assurer que la chambre à coucher est calme, sombre et à une température confortable.

3. **Réduire la lumière bleue :** éviter les écrans (téléphone, tablette, ordinateur) au moins une heure avant de se coucher.

4. **Tisanes relaxantes :** boire une tisane apaisante comme la camomille, la valériane ou la passiflore avant de se coucher.

5. **Techniques de relaxation :** pratiquer des exercices de respiration profonde, de méditation ou de yoga pour détendre le corps et l'esprit.

6. **Alimentation légère le soir :** préférer un dîner léger et éviter de manger juste avant de se coucher.

7. **Exercice physique régulier :** faire de l'exercice régulièrement, mais éviter les activités intenses juste avant le coucher.

8. **Réduire la caféine et l'alcool :** limiter la consommation de caféine et d'alcool, surtout en fin de journée.

9. **Bains relaxants :** prendre un bain chaud avec des sels d'Epsom ou des huiles essentielles comme la lavande pour se détendre avant le coucher.

10. **Journal de gratitude :** tenir un journal pour écrire les pensées ou les gratitudes de la journée peut aider à apaiser l'esprit avant de dormir.

JEUX

MOTS CROISÉS

HORIZONTALEMENT

1. Affaissées
2. Forma des vallées
3. Service gagnant – Californium
4. Épidermiques
5. Poisson d'eau douce de la famille des carpes – Sans habits
6. Étendues de terre entourée d'eau – Darmstadtium
7. Île des Charentes – Grande voile triangulaire
8. Ouverture pratiquée dans un poêle ou un fourneau pour laisser passer l'air

VERTICALEMENT

I. Ramollira
II. Structures cellulaires
III. Parement du pied droit d'une arcade, s'étendant de l'arête au pilastre
IV. Chlore – Adverbe, indique une similitude ou une égalité
V. Holmium – Praséodyme
VI. Brûla
VII. Niches funéraires à fond plat
VIII. Adjectif possessif – Sécurité sociale – Année-lumière

	I	II	III	IV	V	VI	VII	VIII
1								
2								
3				■	■			■
4								
5					■			
6					■			■
7			■				■	
8								

Solution page 616

Carla chatouille sa gratte.

CARLA GRATOUILLE SA CHATTE.

« Est-ce que quelqu'un t'a déjà dit que tu étais magnifique ?
– Non, jamais…
– Eh bien, au moins, tu ne fréquentes pas des hypocrites ! »

La femme parfaite existe-t-elle ?

Bob Marley a répondu avec brio à cette question. Voyez plutôt :

« Qui se soucie de la perfection ? Même la Lune n'est pas parfaite, elle est pleine de cratères. La mer est incroyablement belle, mais salée et sombre dans les profondeurs. Le ciel est toujours infini, mais souvent nuageux. Donc, tout ce qui est beau n'est pas parfait, mais est spécial. Par conséquent, chaque femme peut être spéciale pour quelqu'un. Arrêtez d'être "parfait", mais essayez d'être libre et de vivre, de faire ce que vous aimez, de ne pas impressionner. »

Avouez que vous n'auriez pas dit mieux…

Il vaut mieux avoir confiance en la bouffe qu'en l'amour, car les kilos ne te quittent pas du jour au lendemain, eux !

Charade

Mon **premier** a joué des **NOTES**,

Mon **deuxième** est une **NOTE**,

Mon **troisième** est aussi une **NOTE**,

Mon **tout** est **ITALIEN**.

Solution : Mozzarella (Mozart-Ré-La).

Monsieur et madame Teuzmanie ont un fils. Comment l'appellent-ils ?

Solution : Gédéon. (J'ai des honteuses manies.)

Les dingueries de nos amies les bêtes

80 : c'est le pourcentage d'espèces animales vivant sur Terre qui sont des insectes.

95 : c'est le pourcentage d'animaux sur notre planète qui vivent dans les mers et océans.

VOTRE FEMME EST PRESBYTE ?
NON, ELLE EST CASSE-COUILLE
AH

Un couple allemand,
les Vorm, a trois
fils sportifs.
Comment s'appellent-ils ?

Solution : Jésus, Hans, Hubert. (Je suis en superbe forme.)

LABYRINTHE

DIFFICILE

QUEL EST L'INTRUS ?

ROUGE

BLEU

VERT

JAUNE

NOIR

VIOLET

Solution : Noir. Tous les autres termes sont des couleurs primaires ou secondaires, tandis que le noir est considéré comme une absence de couleur ou une couleur neutre.

SUDOKU

MOYEN

1	7			4	8	5		9
9			5				3	7
	4				6	2	1	
7		6	1	2				3
	5		6			7		
4		1			9		2	5
8	1	4	9				5	
3			4					
	9	5	2		3	1	7	4

Solution page 613

Vous ne trouvez pas que le « Et puis merde ! Allez vous faire foutre ! », c'est comme le noir ?

Ça va avec tout…

CARRÉ MAGIQUE

MOYEN

Obtenez la somme de **515** sur toutes les lignes horizontales et verticales !

119		67	91	95
	71	75	99	123
55		103		151
	107	131		59
111		139	63	

Solution page 605

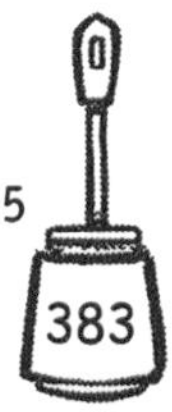

Un de perdu,
dix de retrouvés…

Pour le poids,
c'était vraiment
obligé ?

Le saviez-vous ?

Mais quelle est cette médaille qui pend au rétroviseur des taxis ?

Que ce soit pour vous rendre à l'aéroport ou rentrer chez vous après une soirée bien arrosée, les circonstances peuvent vous pousser à prendre un taxi. Peut-être avez-vous remarqué avec curiosité que dans nombre d'entre eux, une petite médaille religieuse décore l'intérieur du véhicule… Il s'agit, en réalité, de saint Christophe, patron des taxis et des moyens de transports en général.

Selon la légende, Christophe était un géant souhaitant se mettre au service de l'entité la plus puissante au monde. Ce n'était pas le roi de son pays, qui craignait Satan, ni Satan lui-même, qui craignait le Christ. Comment trouver Jésus ? Selon un ermite, le colosse l'aurait rencontré après avoir été bon envers son prochain. Ni une ni deux, Christophe décida d'aider tous les pèlerins à traverser une rivière à gué.

Un jour, un enfant lui demanda son aide. Sans méfiance, le grand gaillard le prit sur son épaule et s'engagea dans le lit de la rivière. Cependant, plus il avançait et plus le poids du garçon lui semblait lourd, jusqu'à s'avérer presque insurmontable à soutenir. Christophe parvint à bout de souffle à la rive opposée. L'enfant lui révéla alors qu'il était le Christ et qu'il venait de porter tout le poids du monde sur ses épaules.

De là vint le nom de Christophe – *christophoros*, en grec ancien, « celui qui porte le Christ » –, et sa réputation de patron des voyageurs.

Qui ne saute pas est... estropié.

Humour

Un grand antiquaire réputé parcourt la campagne d'Île-de-France afin de dénicher, au meilleur prix, des meubles ou des objets anciens.
Il arrive dans une ferme au détour d'un hameau et voit un petit chat qui boit son lait dans une écuelle qu'il identifie immédiatement comme datant de l'époque romaine. Une pure merveille !
Cachant du mieux possible son enthousiasme, il dit au paysan qui vient à sa rencontre :
« Ma femme a toujours eu envie d'avoir un chat. Si vous voulez vous débarrasser de celui-là, je vous l'achète…
– Pourquoi pas ? répond le fermier. Si vous me donnez 300 euros, il est à vous.
– Marché conclu ! », enchaîne l'antiquaire.
Il sort trois billets de 100 euros, les donne et ajoute nonchalamment :
« Pour qu'il ne soit pas trop dépaysé, je vais emporter son bol…
– Ah, non ! fait le fermier. Le bol, vous le laissez ici ! Depuis le début de l'année, il m'a déjà fait vendre 18 chats… »

ÊTES-VOUS POUR OU CONTRE LES QUESTIONS SANS INTÉRÊT ?

Les dingueries de notre corps

40 000 : c'est le nombre de cellules épidermiques que nous pouvons perdre chaque jour. Cela équivaut à **4** kilos de peaux mortes chaque année ! Notre peau est composée de **4** à **5** couches superficielles d'épiderme, qui se renouvellent constamment, surtout au niveau des mains et des pieds. Chaque cellule de peau a une durée de vie d'environ **2** à **4** semaines, avant de se détacher naturellement ou à cause d'un frottement.

100 000 : c'est la longueur en kilomètres que feraient les vaisseaux sanguins d'un corps humain si on les mettait bout à bout. Cinq litres de sang circulent dans ce vaste réseau, qui correspond à deux fois et demie le tour de la planète Terre !

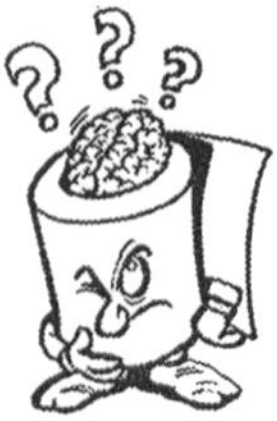

QUIZ

LES GRANDS QUIZ

Testez vos connaissances sur Kylian Mbappé :

1. En quelle année Kylian Mbappé est-il né ?

a. 1997
b. 1998
c. 1999
d. 2000

2. Quel poste occupe-t-il sur le terrain ?

a. Gardien de but
b. Défenseur
c. Milieu de terrain
d. Attaquant

3. Quel âge avait Kylian Mbappé lorsqu'il a remporté la Coupe du monde de la FIFA avec l'équipe de France en 2018 ?

a. 19 ans
b. 20 ans
c. 21 ans
d. 22 ans

QUIZ

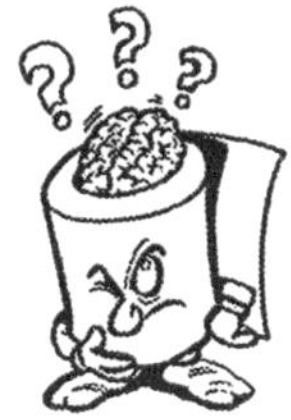

4. Combien de fois a-t-il remporté le championnat de Ligue 1 ?

a. 4 fois
b. 5 fois
c. 6 fois
d. 7 fois

5. Quel est le premier club professionnel de Kylian Mbappé ?

a. AS Monaco
b. Paris Saint-Germain
c. Real Madrid
d. FC Barcelone

6. En quelle année lui a-t-on décerné le trophée Kopa du meilleur joueur de moins de 21 ans ?

a. 2017
b. 2018
c. 2019
d. 2020

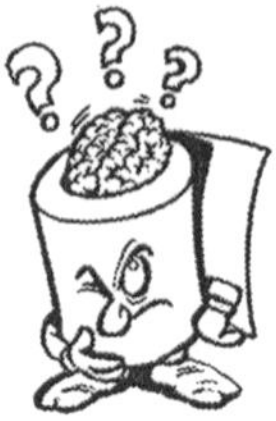

QUIZ

7. Quel numéro de maillot Kylian Mbappé porte-t-il en équipe de France ?

a. 7
b. 9
c. 10
d. 11

8. Combien de buts au total (tirs au but inclus) a-t-il inscrits lors de la finale de la Coupe du monde 2022 face à l'Argentine ?

a. 2
b. 3
c. 4
d. 5

Solutions : 1b. 1998 (le 20 décembre) – 2d. Attaquant – 3a. 19 ans – 4 d. 7 fois (1 avec Monaco, 6 avec le PSG) – 5a. AS Monaco – 6b. 2018 – 7c. 10 – 8c. 4 (un triplé + 1 tir au but).

QUEL EST L'INTRUS ?

LA TERRE

JUPITER

NEPTUNE

MERCURE

VENUS

PLUTON

URANUS

MARS

SATURNE

Solution : Pluton, qui a été déclassée en 2006. Les 8 autres sont des planètes du Système solaire, tandis que Pluton est désormais considérée comme une planète naine transneptunienne.

« On a beaucoup écrit sur moi.
– Ah, vous êtes connu ?
– Non, tatoué. »

Un mendiant tend sa main à la sortie de l'église. Le prêtre tente de l'éloigner.

« Tu n'es qu'un escroc ! Le mois dernier, tu étais aveugle et, maintenant, te voici manchot mais voyant !

– Mon père, j'ai recouvré la vue… c'était un miracle. Un tel miracle que les bras m'en sont tombés ! »

0,2 : c'est le pourcentage de l'inflation en Suède en mai 2024 dû à un phénomène bien précis. L'exportation de marchandises, le boom de l'industrie… ? Non, la venue de la star Beyoncé ! La « Bey-flation », quoi…

2 : c'est le diamètre maximum en millimètres d'un grain de sable, avant qu'il ne devienne du « gravier ». Il doit également mesurer plus de **60** microns, sous peine d'être qualifié de « limon ».

Humour

Lucas et Sonia sont un couple stérile. Ils ont tout essayé et, en désespoir de cause, ils se décident à consulter un grand spécialiste américain.
Ils se rendent donc de l'autre côté de l'Atlantique. Le problème, c'est que le couple ne parle pas anglais et que le spécialiste de la stérilité ne parle pas français. Néanmoins, il leur fait comprendre par des gestes qui ne portent pas à confusion qu'ils doivent se mettre au travail devant lui.
Un peu gêné, au départ, le couple se livre donc à un ébat sexuel devant le spécialiste mondial des problèmes de fécondité. Il commence alors à inspecter le couple sous toutes les coutures pendant 4 à 5 minutes puis crie « STOP ! ». Il s'installe à son bureau et rédige une ordonnance qu'il remet à Lucas et Sonia.
Les deux amoureux sont soulagés, certains que le grand professeur a trouvé un remède à leur incapacité folle de procréer.
De retour en France, ils s'empressent d'aller à la pharmacie et Lucas demande :
« Je voudrais du Trytheotherhole, s'il vous plaît.
– Pardon ?, lui répond la pharmacienne.
– Ben oui, du Trytheotherhole, comme c'est marqué sur l'ordonnance !
– Faites voir ! Ah, je vois... Vous avez mal lu. C'est écrit en anglais "TRY THE OTHER HOLE" ["ESSAYEZ L'AUTRE TROU"]... »

7,5 : c’est le nombre en trillions de grains de sable que l’on peut trouver dans le monde ! Ou, tout du moins, une estimation, d’après une étude menée par un professeur de physique américain très motivé…

20 : c’est le nombre de secondes en moins dans les chansons les plus populaires depuis cinq ans. Pourquoi nos hits préférés raccourcissent-ils ? Parce que sur les plateformes comme Spotify ou Deezer, moins les titres durent longtemps et plus les auditeurs les enchaînent…

ALORS, CES OBSESSIONS SEXUELLES ?
GRÂCE À VOUS JE LES AI VINGT CULS, JE N'Y PENSE PLUS DU TROU !

Vrai ou faux ?

Le ketchup a été inventé aux États-Unis.

Faux.
La sauce préférée des amateurs de burger-frites a vu le jour en Chine ! Sa composition était très différente du produit actuel, puisqu'elle était réalisée avec... de la saumure de poisson (*ké-tsiap*). Exportée en Malaisie, elle y devient le *kechap* et suscite la curiosité des marins anglais au XVIIIe siècle. L'Angleterre transforme la sauce en y ajoutant des ingrédients variés, tels que la fameuse tomate. Il faut ensuite attendre 1876 pour que l'industriel américain Heinz commercialise pour la première fois des bouteilles de ketchup prêt à l'emploi.

À quoi correspondent les 13 stries du code-barres ?

Cette mystérieuse étiquette noire et blanche qui orne les emballages de nos produits préférés n'est pas imprimée au hasard. En réalité, chacune des 13 barres qui la composent est d'épaisseur variable. La largeur d'une barre symbolise un chiffre de 0 à 9. La première barre correspond au pays de fabrication du produit (3 pour la France), les cinq d'après au numéro officiel du fabricant et les six suivantes à la désignation de l'article. Quant à la dernière barre, il s'agit d'une clé de contrôle.

Cet ingénieux code a été inventé en 1949 par Norman Joseph Woodland, un Américain qui souhaitait ainsi simplifier le passage à la caisse dans les supermarchés. Pour cela, cet ancien scout s'inspira… du morse ! Le code-barres que nous connaissons aujourd'hui est employé dans tous les pays d'Europe depuis 1977.

École nationale
supérieure des
mines de Paris.

ÉCOLE NATIONALE
SUPÉRIEURE DES
PINES DE MARIS

4 : c'est le nombre de manières dont il est possible de dire "maman" en langue des signes française. Cela dépend... de l'accent. Sans rire, la langue des signes possède aussi ses variations selon la région où habite le locuteur !

14 : c'est l'âge de la première personne à avoir osé se faire catapulter dans les airs par un canon, en 1877. L'adolescente, surnommée Zazel, faisait partie d'un cirque à Londres. Il en a fallu du courage pour être propulsée à 20 mètres de haut tel un obus !

JEUX

SUDOKU

FACILE

1				5	6	7	8	9
	5		7		9	1		
7	8		1		3	4	5	6
2	1	4		6	5	8	9	
			8	9	7			4
8	9				4	3	6	
5				4	2		7	
	4				8	5	3	1
	7	8	5			6		2

Solution page 613

QUIZ

Dans quelle ville italienne se déroule l'action de la célèbre pièce de théâtre *Roméo et Juliette* de William Shakespeare ?

a. Venise
b. Vérone
c. Milan
d. Rome

Solution : b. Vérone.

JEUX

MOTS CROISÉS

HORIZONTALEMENT

1. Instrument de sport utilisé pour frapper une balle
2. Officier de justice
3. Onzième mois du calendrier juif – Krypton
4. Élève de 4e année dans certaines classes préparatoires aux grandes écoles.
5. Institut national de l'audiovisuel – Erbium
6. Commune de l'Ariège
7. Attaché – Manifestai ma confiance
8. Aide sociale à l'enfance – Formation rocheuse volcanique

VERTICALEMENT

I. Recouvrit

II. Relatif à Saint-Aubin-Fosse-Louvain, commune de la Mayenne

III. Mesure de l'énergie vitale ou de l'intelligence dans certaines philosophies orientales – Rangée

IV. Usage

V. Bluffa

VI. Titane – Vallée fluviale envahie par la mer

VII. Personne faisant référence à une ethnie du Congo et du Gabon

VIII. Vagabonderais

	I	II	III	IV	V	VI	VII	VIII
1								
2								
3			■	■		■		
4								
5				■		■		
6							■	
7				■				
8				■			■	

Solution page 616

Parisiens, visez le 2e étage…

À la recherche d'un nid douillet au sein de la capitale française ? Bon courage ! Blague à part, sachez que si vous espérez un appartement spacieux et avec balcon, il vaut mieux focaliser vos recherches sur le 2e étage des immeubles. Cette particularité a été souhaitée par le baron Haussmann, célèbre haut fonctionnaire qui a métamorphosé Paris au XIXe siècle.

Plutôt sympa, l'homme politique et urbaniste recommandait de permettre aux familles de vivre au 2e étage. La raison ? La même qui vous intéresse probablement aujourd'hui : les bruits de la rue sont distants et il n'y a pas trop de marches à monter !

CARRÉ MAGIQUE

MOYEN

Obtenez la somme de **308** sur toutes les lignes horizontales et verticales !

7	69		68	39		42	36
66		15	61		28	31	45
19	57	70	8	51	41	38	
	16	11	65	46	48		33
14		59	17	30		43	49
67	9			35	25	54	40
18	60	63	13		44	47	
55	21	58		23	53		52

Solution page 605

Vrai ou faux ?

Les nunchakus ont été inventés pour tuer.

Faux.
Bruce Lee a popularisé cette arme formée de deux bouts de bois reliés par une corde ou une chaîne. Mais avant de devenir le symbole des films de kung-fu, le nunchaku était… un outil agricole. Les habitants de l'île d'Okinawa (Japon) l'utilisaient pour séparer le grain de l'enveloppe du riz. Alors que le pouvoir en place leur avait interdit toute possession d'arme pour éviter les rébellions, les paysans, qui avaient plus d'un tour dans leur sac, découvrirent le potentiel redoutable du nunchaku !

QUIZ

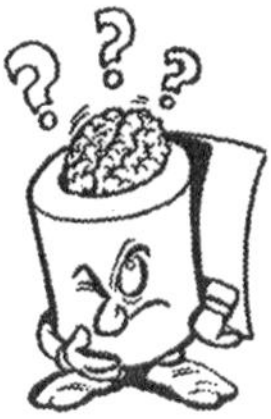

Où vit le petit prince, dans le conte d'Antoine de Saint-Exupéry ?

a. Sur la comète HAL 357
b. Sur l'astéroïde B 612
c. Sur la planète 1RXS 1609

Solution : b. Sur l'astéroïde B 612, où « il y a trois volcans, et où poussent des baobabs et une rose compliquée ».

10 ASTUCES NATURELLES À FAIRE AVEC DU CITRON :

1. **Nettoyant tout usage :** mélanger le jus de citron avec de l'eau et du vinaigre pour créer un nettoyant efficace pour la maison.

2. **Blanchiment des dents :** frotter doucement les dents avec un mélange de bicarbonate de soude et de jus de citron pour les blanchir naturellement.

3. **Éclaircissant pour cheveux :** appliquer du jus de citron sur les cheveux et s'exposer au soleil pour obtenir des reflets naturellement plus clairs.

4. **Traitement anti-acné :** utiliser le jus de citron comme antiseptique naturel sur les zones à problèmes pour aider à réduire l'acné.

5. **Rafraîchisseur d'haleine :** rincer la bouche avec du jus de citron dilué pour rafraîchir l'haleine et tuer les bactéries.

6. **Exfoliant pour la peau :** mélanger du sucre avec du jus de citron pour créer un exfoliant naturel pour le visage et le corps.

7. **Soulagement des maux de gorge :** boire un mélange de jus de citron chaud, miel et eau pour soulager les maux de gorge.

8. **Déodorant naturel :** appliquer une tranche de citron sous les aisselles pour réduire les odeurs corporelles naturellement.

9. **Renforcement des ongles :** tremper les ongles dans un mélange de jus de citron et d'huile d'olive pour les renforcer et les nourrir.

10. **Améliorer la digestion :** boire de l'eau tiède avec du jus de citron le matin pour stimuler le système digestif.

QUEL EST L'INTRUS ?

RÉIFIER

RADAR

MARINE

KAYAK

ICI

RESSASSER

Solution : « Marine » est le seul mot de la liste qui n'est pas un palindrome, c'est-à-dire qui se lit indifféremment dans les deux sens.

Que dit un Cubain devant un panier de linge sale ?

C'est salsa !

LABYRINTHE

FACILE

QUIZ

Si vous ne vous coupiez pas les cheveux jusqu'à 77 ans, ils mesureraient :

a. Entre 3 et 6 mètres
b. Entre 10 et 12 mètres
c. Entre 14 et 16 mètres
d. Entre 18 et 20 mètres

Solution : b. Entre 10 et 12 mètres.

Le saviez-vous ?

Isaac Newton découvre la gravité en 1687.

Avant cette date, les gens prenaient tout à la rigolade.

Charade

Mon **premier** est bien
BAVARDE,
Mon **deuxième** est dans vos
VEINES,
Mon **troisième** **BOUQUINE**,
Mon **tout** peut faire **ÉTERNUER**.

Solution : Pissenlit (Pie-Sang-Lit).

Ce sont deux potes, Denis et Greg, qui sont à table.
Au dessert, Denis, coupe le gâteau en deux parts de taille différente. Il se sert en premier et prend le plus gros morceau. Son ami Greg s'en offusque :
« Ben ça va pour toi ? C'est vraiment impoli ce que tu viens de faire !
– Qu'est-ce que tu aurais fait à ma place ?
– J'aurais pris la plus petite !
– Ben, ta gueule ! Tu l'as ! »

VOUS N'AVEZ PAS VU LE RADAR ?
NON !

JEUX

MOTS CROISÉS

HORIZONTALEMENT

1. Éditées
2. Arrêtés
3. Prénom féminin – Sud-ouest
4. Son grave et lugubre de cloche – Grand arbre de l'Inde fournissant un bois précieux
5. Commune française des Hautes-Pyrénées
6. Qu'il rediffuse
7. Commune française des Pyrénées-Atlantiques
8. Manche en tennis – Iridium

VERTICALEMENT

I. Personnes chargées d'encaisser le droit de péage
II. Synonyme ancien de do
III. Chevrotaient
IV. Réunis
V. Institut national de l'audiovisuel – Oiseau passereau appartenant à la famille des corvidés
VI. Conjonction de coordination – Luth iranien en bois de mûrier
VII. Terres défrichées et cultivées, notamment dans les forêts
VIII. Commune de Corse-du-Sud

JEUX

	I	II	III	IV	V	VI	VII	VIII
1								
2								■
3		■				■		
4					■			
5		■		■				
6								
7		■		■				
8				■			■	

Solution page 616

Pourquoi un ours en peluche et pas un chien ou un lapin ?

Ah, ce bon vieux Teddy Bear… La majorité des enfants ont possédé un ours en peluche qu'ils serraient contre leur cœur. Au fait, pourquoi un ours et pas un autre animal ? La réponse est cachée dans son nom : Teddy Bear, venu tout droit des États-Unis, a été inventé grâce… au président Theodore Roosevelt.

En 1903, les amis du chef d'État voulurent lui faire plaisir en lui offrant un ours (un vrai, celui-là). Ils proposèrent à Roosevelt de l'abattre au fusil, en guise de consolation après une partie de chasse ratée. Le président prit en pitié la bête et ordonna qu'on la relâche. Les journaux furent nombreux à relayer cette anecdote, y ajoutant des dessins de l'ours en guise d'illustration.

Par un pur effet de hasard, les fabricants de jouets Rose et Morris Michtom trouvèrent l'inspiration ce jour-là en lisant les actualités. Ils entreprirent de créer un charmant ours en peluche et le nommèrent Teddy Bear en hommage à Theodore !

Une bonne raison de se la couler douce à la plage

« Patron, j'ai besoin de partir en vacances à la mer… » Oui, vous êtes dans votre bon droit : séjourner une ou deux fois par an sur le littoral serait suffisant pour se sentir en meilleure forme toute l'année. Bien sûr, les bénéfices sont encore plus visibles chez les chanceux habitants du bord de mer. D'après une étude autrichienne menée dans 15 pays, pour que les effets soient maximaux, il faudrait loger à moins de deux kilomètres de la grande bleue. Bon, généralement, c'est aussi là que les loyers sont les plus chers…

QUEL EST L'INTRUS ?

POMME

BANANE

ORANGE

ANANAS

CERISE

KIWI

Solution : Orange. Tous les autres sont des fruits qui poussent sur des arbres, tandis que l'orange pousse sur un arbuste.

SUDOKU

FACILE

3	4	9		7	6		5	
8	2	7	5		9	4	3	6
6	5	1	2	4		7		
7	6	2	1	5	4	8		3
5		4	6		8	1	7	2
1	8		7		2		4	
9		8	3		7		2	
	7	6	9	2	5	3	1	8
2	3	5		8	1	9	6	7

Solution page 614

Quelques combles...

Quel est le comble pour un drogué ?
C’est de se faire piquer par la police.

Quel est le comble pour un pyromane ?
C’est de brûler sa vie par les deux bouts avant de se faire incinérer.

Quel est le comble de l’inutilité ?
Ce sont les couilles du pape.

Quel est le comble pour un goal ?
C’est de travailler chez BUT.

Quel est le comble pour un obèse ?
C'est de faire un bide.

Quel est le comble pour un serrurier ?
C'est de se faire mettre à la porte.

Quel est le comble pour un couturier ?
C'est de se faire arrêter sur l'autoroute à l'embranchement d'une bretelle parce qu'il n'avait pas sa ceinture.

Quel est le comble de la paresse ?
C'est d'épouser une femme enceinte.

Quel est le comble d'un banquier ?
C'est de trouver la vie sans intérêt.

Quel est le comble pour un fossoyeur ?
C'est d'avoir un trou dans son
emploi du temps.

Quel est le comble du prof dans le 93 ?
C'est de partir le matin enseigner et de
rentrer le soir en saignant.

Quel est le comble de l'avarice ?
C'est de mettre du diesel dans son briquet.

Quel est le comble pour un médium ?
C'est de recevoir un coup de pied occulte.

Gérald conduit sa femme Laurène à l'aéroport où elle doit prendre l'avion pour Londres afin de se rendre à un séminaire d'entreprise. Une fois arrivés à Roissy, Laurène demande à son mari :
« Mon amour, je reviens dans une semaine. Que voudrais-tu que je te ramène d'Angleterre ? »
Gérald, toujours aussi coquin, lui répond :
« Si tu veux me faire plaisir… ramène-moi une petite Anglaise ! »
Sa femme, un peu contrariée, ignore sa remarque et s'éloigne vers la salle d'embarquement.
Une semaine plus tard, le couple se retrouve. Gérald demande à Laurène, dès ses premiers mots, avec un œil malicieux :
« Alors ? Il est où, mon petit cadeau ? Je ne vois pas de petite Anglaise avec toi… »
Sa femme le foudroie du regard et lui lance :
« Pour la petite Anglaise, je peux te dire que je me suis donnée à fond ! Mais tu vas devoir encore patienter neuf mois pour savoir si ce sera une fille ou non ! »

POUR COGITER…

« Lorsqu'on sait prendre soin de sa propre lumière, on n'a pas le temps d'éteindre celle des autres. »
William Sinclair M.

« Nous sommes tous des amateurs.
On ne vit pas assez longtemps pour être autre chose. »
Charlie Chaplin

QUIZ

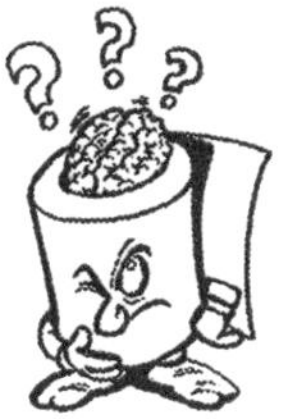

Le plus gros canon allemand utilisé au début de la Première Guerre mondiale, a été surnommé :

a. « L'Incroyable Frantz »
b. « La Grosse Bertha »
c. « Le Gros Aster »
d. « Le Magnifique Alaric »

Solution : b. « La Grosse Bertha » (en allemand : *Dicke Bertha*). De son vrai nom « M42 », cet obusier fut surnommé ainsi en l'honneur de Bertha Krupp, la fille unique et héritière de l'industriel sidérurgiste qui produisait cette pièce d'artillerie. La tradition des usines Krupp voulait que les machines fussent baptisées du nom d'un membre de la famille.

POUR COGITER…

« Tout le monde est un génie.
Mais si vous jugez un poisson sur
sa capacité à grimper à un arbre,
il vivra le reste de sa vie en croyant
qu'il est stupide. »
Albert Einstein

« Toutes les décisions qui engagent
des vies humaines sont prises par
ceux qui ne risquent rien. »
Simone Weil

Ah !
Beaux-Arts !
Quel mythe !

AH !
MOZART !
QUELLE BITE !

Et si la Lune disparaissait ?

Notre astre préféré, qui inspire les poètes et les chanteurs depuis la nuit des temps, s'éloigne de nous… et ce, de manière inexorable. En effet, chaque année, la Lune s'en va plus loin de la Terre de 3,82 centimètres très exactement. Mais que se passerait-il si elle s'évanouissait dans le néant, comme dans un film de science-fiction ?

Tout d'abord, bonne nouvelle pour les astronomes : il serait beaucoup plus aisé d'observer le ciel et les planètes sans la lumière de la Lune.

Par contre, mauvaises nouvelles en pagaille pour les animaux de la Terre, nous y compris… La Lune a un impact très important sur les marées et, de ce fait, sur les cycles de vie et de reproduction de bien des bêtes. Nul ne sait comment elles réagiraient, privées de ce repère intangible.

De plus, l'axe de rotation de la Terre est impacté par la présence de la Lune toute proche. Si cette dernière disparaissait, les saisons et les cycles jour-nuit tels que nous les connaissons seraient métamorphosés.

Pas de panique, toutefois ; avant que la Lune se soit trop éloignée de nous, la Terre aura sûrement disparu, engloutie par le Soleil d'ici à 6 à 7 millions d'années… Rassurant, non ?

Tu passes ta scolarité
à calculer l'heure exacte
d'arrivée des trains en
maths, puis tu rentres
dans la vie active…
… et tu découvres
la SNCF.

Humour

« Ma chérie, tu veux aller à la salle de gym avec moi ?

– Tu me traites de grosse ?

– Ben non… pas du tout… OK, c'est bon. Viens pas, si tu veux pas.

– C'EST ÇA !!! TU ME TRAITES DE PARESSEUSE ???

– Ben non… Relaxe…

– TU M'DIS DE ME CALMER, CAR TU TROUVES QUE JE SUIS HYSTÉRIQUE ???

– Non, non… C'est pas ça que je voulais dire…

– C'EST ÇA, HEIN !? JE SUIS UNE MENTEUSE !?

– Viens pas, c'est tout !

– Attends… Pourquoi tu veux aller à la salle tout seul ? »

PEUT-ON AVOIR LE MORAL DANS LES CHAUSSETTES QUAND ON EST EN TONGS ?

Vapoter, c'est
vraiment bizarre !
Tu croises un groupe
de mecs qui ressemblent
à des gangsters mais
qui sentent le muffin
aux fraises…

NE NIEZ PAS,
JE VOUS AI VU
BRÛLER LE STOP
STOP

« Tu es comme l'eau en Afrique…
– Rare ?
– Non. Pas potable. »

« Moi, je t'offrirai des perles de pluie…
– Laisse tomber. Je frise. »

« Il est vraiment dégueulasse, ce mojito !
– C'est une menthe à l'eau.
– Ah… Je me disais aussi… »

« Allô ! Nous avons votre enfant...

– Quel est le montant de la rançon ?

– Mais ça ne va pas la tête !!! C'est la crèche et nous fermons bientôt. Merci de venir chercher votre enfant au plus vite ! »

POUR COGITER…

« Jamais d'accent
sur le « *e* » de « *ego* » !
Ce serait un pléonasme
puisqu'un *ego* ne cesse
de mettre l'accent
sur lui. »
Bernard Pivot

QUEL EST L'INTRUS ?

ALGÈBRE

GÉOMÉTRIE

BIOLOGIE

CHIMIE

PHYSIQUE

Solution : Biologie. Alors que toutes les autres matières de la liste sont des branches des mathématiques ou de la science exacte, la biologie, quant à elle, est une science naturelle étudiant la vie et les organismes vivants.

Le saviez-vous ?

En Normandie,
un enfant qui jouait
à « Un, Deux, Trois,
Soleil » n'a pas bougé
depuis 27 jours !

SAUVÉ PAR SON HUMOUR...

... Ou comment un trait d'esprit peut vous maintenir en vie.

Triboulet, alias Nicolas Ferrial, était le bouffon du roi François Ier durant la première moitié du XVIe siècle. Doté d'un humour très audacieux, il commit le malheur de se moquer de la reine et des dames de la cour. Son monarque le condamna donc à mort... Mais, en récompense de ses bons et loyaux services, il lui offrit le luxe de choisir de quelle manière il préférait perdre la vie.

La légende dit que Tabouret, sans se démonter, répondit alors : « Bon sire, par sainte Nitouche et saint Pansard, patrons de la folie, je demande à mourir de vieillesse. » François Ier ne put s'empêcher de rire de ce bon mot et, tenant parole, changea sa peine de mort en un bannissement à vie du royaume.

JEUX

SUDOKU

FACILE

7	8	4	6		9		1	3
3	5			4				2
2	9		3		5	7	4	8
4	2			3		8	9	6
8				9	6		2	5
6	3	9		8	2			4
1	6		8	7		4	5	
9				5		6		
5			9	6	4		8	1

Solution page 614

« Niveau d'anglais ?
– Bon.
– Traduisez "choisir une chaussure".
– *Pick a shoe*.
– Formez une phrase.
– *Pick a shoe*, attaque éclair ! »

Au secours, mes oreilles se bouchent dans les tunnels !

Rien de plus désagréable que cette sensation qui nous assaille lorsque notre train passe sous terre. Vous connaissez forcément les astuces pour se déboucher les oreilles (avaler sa salive, mâcher un chewing-gum, bâiller…), mais savez-vous à quoi cela est-il dû ? Les TGV roulent à une vitesse de croisière impressionnante de 320 km/heure. L'air est donc violemment chassé à l'avant et sur les côtés du train. Mais, dans un tunnel, l'air ne peut plus s'échapper contre les parois de l'engin… Il s'accumule sur la voiture de tête, causant une forte augmentation de la pression, qui parvient jusqu'à nos pauvres oreilles maltraitées.

Quand utiliser
« Oh mon Dieu,
c'est un garçon !!! » ?
1. Pendant une
échographie.
2. Dans un bar
à Bangkok.

Vrai ou faux ?

La Pologne se fait tout le temps envahir !

Vrai.

La nation polonaise est victime depuis des siècles des ambitions des grandes puissances. Voyez plutôt : en 1772, 1793 et 1795, elle est impitoyablement divisée entre la Russie, la Prusse et l'Autriche. En 1939, elle devient le terrain de jeu des armées soviétique et allemande. Après la Seconde Guerre mondiale, la Pologne déplore 6 millions de morts (dont la moitié de juifs) et reste sous contrôle communiste jusqu'à la fin des années 1980. La raison de cet acharnement ? Le pays s'étend sur une large plaine, malheureusement très facile à parcourir et à assujettir militairement…

Sonia a un vrai problème…
Elle a le sexe qui sent l'oignon !
C'est une fille sublime, mais elle a ce gros souci dont elle souffre beaucoup, surtout pendant ses rapports avec ses amoureux.
La catastrophe, à chaque fois, dès que l'homme descend sous les draps… Il est dégoûté et se barre en courant !
Sonia est tellement malheureuse qu'elle se décide à en parler à sa meilleure amie, Cindy.
Celle-ci l'écoute attentivement et veut absolument l'aider :
« J'imagine ton calvaire, Sonia. Ton sexe qui sent l'oignon, ce doit être terrible pour toi… Mais j'ai peut-être une solution. Je connais un mec super mignon, gentil comme tout et qui a eu un accident : il a perdu l'odorat… »
Sonia rencontre donc Vincent qui, effectivement, a l'air adorable. Sorties au resto, au ciné…
Puis un soir, elle l'invite à passer la nuit chez elle.
Vincent, lors des préliminaires, descend sous les draps… deux minutes plus tard, il relève la tête et dit :
« C'est dingue, tu as le minou qui sent vachement l'oignon ! »
Sonia est étonnée :
« Mais ce n'est pas possible ! Tu as perdu l'odorat !
– Oui… mais j'ai les yeux qui pleurent ! »

10 ASTUCES NATURELLES POUR MIEUX MANGER :

1. **Planification des repas :** planifiez vos repas à l'avance pour éviter les choix alimentaires impulsifs et peu sains.

2. **Cuisiner maison :** préparez vos propres repas pour contrôler les ingrédients et les portions.

3. **Variété alimentaire :** assurez-vous d'inclure une large variété d'aliments dans votre alimentation pour obtenir tous les nutriments nécessaires.

4. **Lire les étiquettes :** familiarisez-vous avec les étiquettes nutritionnelles pour faire des choix éclairés.

5. **Réduire les sucres ajoutés :** limitez la consommation d'aliments et de boissons riches en sucres ajoutés.

6. **Consommer plus de fruits et légumes :** augmentez votre consommation de fruits et légumes pour profiter de leurs nombreux bienfaits pour la santé.

7. **Manger à des heures régulières :** gardez un horaire de repas régulier pour stabiliser votre métabolisme.

8. **Boire suffisamment d'eau :** restez hydraté(e) en buvant de l'eau régulièrement tout au long de la journée.

9. **Portions contrôlées :** faites attention aux portions pour éviter de manger plus que nécessaire.

10. **Écoute de la faim :** apprenez à reconnaître les signaux de faim et de satiété de votre corps pour éviter de manger par ennui ou stress.

QUEL EST L'INTRUS ?

WES CRAVEN

TOBE HOOPER

JOHN CARPENTER

STEVEN SPIELBERG

JAMES WAN

JORDAN PEELE

GUILLERMO DEL TORO

Solution : Steven Spielberg. Si tous les autres réalisateurs de la liste sont célèbres pour leurs fortes contributions au genre de l'horreur et de l'épouvante, Steven Spielberg, en revanche, est plus connu pour ses films d'aventures, de science-fiction et de drame, même s'il a tout de même traumatisé toute une génération avec *Les Dents de la mer* (1975).

Deux hiboux homos
discutent sur une
branche :
« Ouh ! Ouh ! »
dit le premier.
« Ben, dans ton cul
comme d'habitude ! »
répond l'autre.

Humour

Arié vient d'ouvrir une galerie de tableaux dans Saint-Tropez, pensant séduire les nombreux touristes qui y passent toute l'année.
Une semaine après l'ouverture, un vieux Tropézien passe par là et semble intéressé par une nature morte.
« Il est magnifique, ce tableau, dit Arié. Hier, un Saoudien était prêt à m'en offrir 1 million de dollars !
– Là, vous m'étonnez, répond le vieux Tropézien. Moi-même, je ne vous en donnerais pas plus de 100 euros.
– Affaire conclue ! répond le galeriste. Honnêtement, ça m'embêtait qu'un tel chef-d'œuvre parte à l'étranger. »

QUIZ

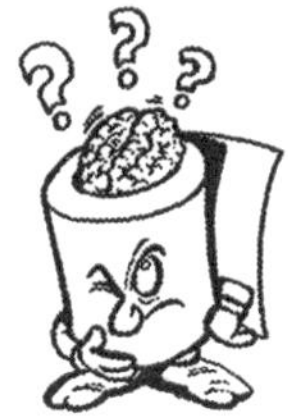

Combien de kilomètres l'être humain parcourt-il à pied au cours de sa vie, en moyenne ?

a. 60 000 km
b. 104 000 km
c. 146 000 km
d. 185 000 km
e. 207 000 km
f. 249 000 km

Solution : d. 185 000 km.

Une femme se rend chez un psychiatre :
« Docteur, je souhaiterais vivement que vous convoquiez mon mari. Il se prend pour un Boeing 747 !
– Effectivement… Et vous n'êtes pas parvenue à le convaincre ?
– Presque ! Mais je n'ai pas pu, car il y avait trop de brouillard… Je l'ai détourné sur l'aéroport du Bourget. »

VOTRE FEMME...
NON, JE CONNAIS BIEN MA FEMME, ÇA C'EST UN TÉLÉPHONE !

Vrai ou faux ?

Prendre trop de vacances nuit à votre carrière.

Faux.
Bien au contraire ! Selon une étude américaine, plus les travailleurs prennent de congés et plus leur chemin professionnel est pavé de succès. Et cela fonctionne d'autant mieux si les vacances sont de longue durée ! Vous pouvez donc avoir la conscience tranquille et prendre un billet d'avion direction les Canaries.

À quelle heure
on dîne dans
le Perche ?

**À QUELLE HEURE
ON PINE DANS
LE DERCHE ?**

POUR COGITER…

« Dans chaque vieux, il y a un jeune qui se demande ce qu'il s'est passé. »

Groucho Marx

Le jour le plus déprimant de l'année existe-t-il ?

Vous avez certainement déjà entendu parler du « *Blue Monday* ». Le troisième lundi du mois de janvier serait le jour le plus triste de l'année, ou tout du moins celui où vous êtes le plus susceptible de ressentir du vague à l'âme. Ainsi, chaque début d'année, les médias publient de nombreux articles vous donnant des conseils pour garder le moral malgré tout.

En réalité, le *Blue Monday* n'a aucune réalité scientifique. Il a été inventé en 2005 par… le pôle publicité d'une agence de voyage. Vous l'aurez compris, le concept du *Blue Monday* a pour but de vous inciter à réserver vos prochaines vacances au soleil !

Pour aboutir à cette date bien précise, les créateurs du *Blue Monday* ont recoupé plusieurs paramètres, allant de la météo maussade à l'éloignement des fêtes de fin d'année, en passant par les résolutions intenables du Nouvel An. Il faut bien avouer que ça se tient… ou pas.

Le saviez-vous ?

Comment un macho sait-il que sa femme a joui ?
Il ne s'en aperçoit pas, il s'en fout…

QUIZ

Comment s'appelle la meilleure amie d'Harry Potter ?

a. Ashley
b. Lucy
c. Jenny
d. Hermione
e. Elisa

Solution : d. Hermione.

QUEL EST L'INTRUS ?

BLADE RUNNER

INTERSTELLAR

PULP FICTION

THE MATRIX

STAR WARS

INCEPTION

GRAVITY

Solution : *Pulp Fiction*. Tous les autres films de cette liste sont des exemples notables de science-fiction, explorant des thèmes futuristes, l'espace, ou des concepts de réalité alternative. *Pulp Fiction*, en revanche, est une comédie noire avec des gangsters réalisé par Quentin Tarantino.

Pourquoi les préservatifs de couleur noire se vendent-ils très mal ?

Parce que le noir amincit…

Deux potes se croisent :
« Tu as l'air tristounet
mon ami !
– Hier, j'ai eu un report
sexuel…
– Tu veux dire un
« rapport » ?
– Non. Elle m'a dit :
“Pas ce soir,
une autre fois.” »

JEUX

SUDOKU

MOYEN

		3	1		4	5	6	8
	2					3	7	9
5		8		7	9			
2			4	3	6			
3		6		9		2	1	
		9			5	4	3	6
4	3	7	6		1		8	2
6		1			2			
	8	2						1

Solution page 614

Au très chic hôpital américain de Neuilly, un richissime banquier est hospitalisé.

Les membres de la famille sont dans la salle d'attente et veulent des nouvelles.

Le médecin se dirige vers eux.

« Docteur, docteur ! Y a-t-il un espoir ? demande le fils aîné.

– Je suis vraiment désolé… Soyez courageux. Il n'y a plus d'espoir. Il va encore s'en sortir, cette fois-ci ! »

Lucas se confie à son ami :
« Tu sais, ma femme, c'est un peu ma connexion wi-fi.
– Ça veut dire que vous êtes tout le temps connectés ?
– Non. Ça veut dire que tous les voisins en profitent ! »

Pourquoi Denis l'Auvergnat se fait-il des tartines de pain avec du beurre et de la confiture le matin ?

Parce que c'est plus économique que de faire une tartine de confiture et une tartine de beurre…

QUIZ

Quelle ville est le décor principal du film romantique *Before Sunrise*, où les personnages principaux, incarnés par Ethan Hawke et Julie delpy, passent une nuit à flâner dans ses rues ?

a. Paris
b. Rome
c. Vienne
d. Barcelone

Solution : c. Vienne.

Un SOS qui ne veut rien dire

SOS ! Tout le monde connaît ces trois lettres employées pour appeler à l'aide, sur terre, sur mer ou dans les airs. Mais savez-vous ce que signifie ce sigle ? Réfléchissez bien. Peut-être « *Send Out Succour* » (Envoyez des secours) ou bien « *Save Our Ship* » (Sauvez notre bateau). « *Save Our Souls* » (Sauvez nos âmes) semble également probable…

… Eh bien, c'est raté ! SOS ne renvoie à aucune phrase ou suite de mots. Créé en 1906, ce code lettré a uniquement été choisi, car il était facile à mémoriser et à décrypter en morse : trois points, trois traits, trois points. Bon, l'important, c'est que cela fonctionne, non ?

Quelle est la différence entre une balle de golf et le point G ?

Un homme passera seulement deux heures à chercher sa balle de golf.

Charade

Mon **premier** n'est pas **HAUT**,

Mon **deuxième** n'est pas **RAPIDE**,

Mon **troisième** n'est pas le **MATIN**,

Mon **tout** fait le **BONHEUR DES ENFANTS**.

Solution : Balançoire (Bas-Lent-Soir).

Vincent décide, après plus de 20 ans, de finalement retourner à la confesse.

Il entre dans l'église et se dirige vers le confessionnal. Il écarte le rideau et s'assoit à l'intérieur.

Il découvre, étonné, un mini-bar bien équipé, une bouteille de champagne dans un seau rempli de glaçons, un ravier avec des amandes grillées, des cacahuètes, un autre débordant de « Mon chéri »... et, sur la paroi, des photos de *PlayBoy* avec des filles sublimes.

Alors qu'il entend le prêtre s'apprêtant à entrer dans le confessionnal, il lui dit :

« Mon père, excusez-moi mais cela fait très longtemps que je ne me suis plus confessé, ou même rentré dans une église... Mais dites-moi, ça a pas mal changé ! »

Le prêtre lui répond :

« Sortez de là ! Vous êtes de mon côté, imbécile ! »

La phrase dont
vous venez d'entamer
la lecture n'a aucun but,
aucune chute et aurait
pu être utile si elle l'avait
été, mais ce n'est
pas le cas.

HOUHOU, MA CHÉRIE...
OUI ?
À QUELLE HEURE ON MANGE ?

POUR COGITER…

« Moins ils ont de talent,
plus ils ont d'orgueil,
de vanité, d'arrogance.
Tous ces fous trouvent
cependant d'autres fous
qui les applaudissent. »

Érasme

Charade

Mon **premier** est jeté pour votre **SORT**,

Mon **deuxième** est **CREUX**,

Mon **troisième** est votre **FRANGINE**,

Mon **tout** est un **ARNAQUEUR**.

Solution : Détrousseur (Dé-Trou-Sœur).

Bien sûr que
la taille compte !
Personne ne voudrait
d'une toute petite
bière !

QUIZ

Quel pape a ordonné la construction de la basilique Saint-Pierre au Vatican ?

a. Innocent III
b. Grégoire le Grand
c. Jules II
d. Urbain II

Solution : c. Jules II (1443-1513). Il charge Bramante de ce chantier, dont la première pierre est posée le 18 avril 1506. Après la mort du souverain pontife en 1513 et de l'architecte l'année suivante, les travaux sont loin d'être achevés et se poursuivent pendant 120 ans, de Léon X à Innocent X.

« BHL, celui que ma concierge prend pour un journaliste, les journalistes, pour un philosophe et les philosophes, pour ma concierge. »

Pierre Bourdieu

COMMENT FAIT-ON POUR CALCULER LA DISTANCE À VOL D'OISEAU QUAND ON N'A PAS D'OISEAU ?

QUEL EST L'INTRUS ?

FERNANDO ALONSO

MICHAEL SCHUMACHER

ALAIN PROST

SEBASTIAN VETTEL

GERHARD BERGER

JEAN ALESI

NIGEL MANSELL

GILLES VILLENEUVE

DIDIER PIRONI

Solution : Jean Alesi. À la différence de tous les pilotes de cette liste ayant porté les couleurs de la Scuderia Ferrari, le Français n'a remporté qu'une seule victoire en Formule 1 dans sa carrière (au Grand Prix du Canada le 11 juin 1995).

La sauce tomate sait lorsque vous portez un t-shirt blanc.

Ne me demandez pas pourquoi, mais elle sait…

Charade

Mon **premier** complète **L'ESPRIT**,

Mon **deuxième** est la plus

DROITE DES LETTRES,

Mon **troisième** est le plus

FORT DANS LE JEU,

Mon **tout** est bien **OBSTINÉ**.

Solution : Coriace (Corps-I-As).

Le pétrole est composé… d’animaux morts

C’est désormais certain : d’ici à un demi-siècle, on ne pourra plus utiliser de pétrole pour alimenter nos moyens de transport et nos industries. D’où l’urgence de chercher des alternatives pérennes et écoresponsables… Mais, au fait, pourquoi le pétrole est-il inexorablement voué à disparaître ?

Vous l’ignorez peut-être, mais le pétrole est une accumulation de micro-organismes (animaux et végétaux) morts, il y a des centaines de millions d’années ! Au fil des siècles, cet amas s’est décomposé et a été recouvert par des roches. De là est né le pétrole, dont l’étymologie *petroleum* signifie « huile de pierre » en latin.

Ces réserves cachées tout au fond des océans, des lacs et des deltas vont peu à peu disparaître, laissant l’humanité bien embêtée. À vrai dire, les scientifiques avaient déjà pronostiqué la fin du pétrole dans les années 2000. Par « chance », les entreprises de forage ont découvert entretemps de nouveaux gisements inexploités et sont allés chercher l’énergie fossile encore plus profondément.

Et à l’avenir ? Il faudra se tourner vers d’autres sources de carburant renouvelables, telles que le biodiesel, le bioéthanol, l’électricité, le gaz naturel pour véhicules (GNV) ou encore l’hydrogène.

Tu te crois
malin jusqu'au jour
où tu essaies de
conjuguer « frire »
à l'imparfait.

Il ne faut pas chourer le bien du voisin.

IL NE FAUT PAS BOURRER LE CHIEN DU VOISIN

Pourquoi dit-on…

… « MESDAMES ET MESSIEURS, PRÉPAREZ-VOUS POUR LE CLOU DU SPECTACLE ! »

… autrement dit, le moment le plus attendu et le plus grandiose de la représentation. Cette expression amusante nous vient de l'auteur Alphonse Daudet, qui l'inventa en 1888 dans son ouvrage *Trente ans de Paris : à travers ma vie et mes livres*. Il y écrivit : **« Si nous mettions votre tambourinaire (joueur de tambourin) dans la pièce ? Il manque un clou, ça pourrait peut-être servir à accrocher le succès. »** Une métaphore bien trouvée, qui fut reprise par la scène littéraire avant d'être utilisée dans bien d'autres domaines.

« Pourquoi avez-vous giflé mon fils ?
– Il m'a traitée de GROSSE !!!
– Et vous pensez qu'en le tapant, vous allez maigrir !? »

Vrai ou faux ?

On peut être ivre sans boire une goutte d'alcool.

Vrai.

Et ce n'est pas une métaphore pour dire « ivre d'amour » ou « ivre de liberté ». Le très rare syndrome d'auto-brasserie ou d'auto-fermentation, reste encore un mystère pour les scientifiques. Il concerne des patients souffrant de tous les symptômes d'un état alcoolique avancé et testés positifs aux tests d'alcoolémie... sans avoir bu une seule goutte ! La cause la plus probable serait un dérèglement de la flore intestinale : des levures se mettraient à proliférer et à fermenter. Mais évitez cette excuse si vous vous faites arrêter par la police samedi soir...

Être parent est génial, car tu dois te fâcher contre une version miniature de toi-même qui fait exactement les mêmes choses stupides que tu faisais étant enfant.

Que je sois malade,
que je me fasse larguer
ou virer de mon taf,
mes amis sont toujours là.
Je crois que mes amis me
portent la poisse.

Comment appelle-t-on un sorcier qui fait de la magie blanche avec un yaourt ?

Un faux mage blanc.

10 ASTUCES NATURELLES POUR ÊTRE EN FORME :

1. **Exercice régulier :** pratiquez une activité physique régulièrement pour améliorer votre force, votre endurance et votre flexibilité.

2. **Alimentation équilibrée :** consommez une variété d'aliments sains, incluant des fruits, légumes, protéines maigres, et grains entiers.

3. **Hydratation :** buvez suffisamment d'eau tout au long de la journée pour rester hydraté.

4. **Sommeil de qualité :** assurez-vous d'obtenir 7 à 8 heures de sommeil réparateur chaque nuit.

5. **Gestion du stress :** utilisez des techniques de relaxation telles que la méditation, le yoga, ou la respiration profonde pour réduire le stress.

6. **Exposition au soleil :** profitez de la lumière naturelle pour améliorer votre humeur et stimuler la production de vitamine D.

7. **Limitation des toxines :** évitez les substances nocives comme le tabac, l'alcool excessif et les drogues.

8. **Pensée positive :** cultivez une attitude positive et une perspective optimiste sur la vie.

9. **Connexion sociale :** maintenez des relations sociales fortes pour soutenir votre bien-être émotionnel.

10. **Routine matinale :** commencez votre journée avec une routine qui peut inclure de l'exercice, une alimentation saine et un moment de calme pour vous centrer.

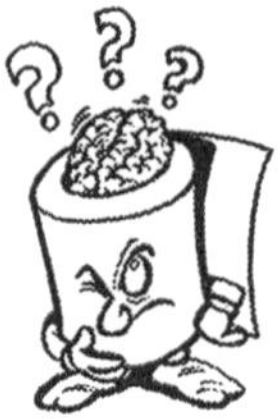

QUIZ

Quand débute
la préhistoire ?

a. À l'apparition du genre humain
b. À l'âge de fer
c. À l'invention de l'écriture
d. À la découverte du feu

Solution : a. À l'apparition du genre humain, il y a 7 millions d'années.
Elle se termine avec l'invention de l'écriture.

Le saviez-vous ?

Où boire une pinte pas chère en Europe ?

… Sûrement pas en Islande, qui bat le record avec un coût estimé à 9,53 euros la chope de bière commandée dans un bar de la capitale (Reykjavík). Évitez globalement tous les pays du Nord, qui ne sont pas tendres pour votre portefeuille – 9,08 euros à Oslo (Norvège), 8 euros à Helsinki (Finlande) et 7,38 euros à Copenhague (Danemark) – ou encore la Suisse (8,25 euros à Genève).

Sans grande surprise, la belle Parisienne n'est pas en reste avec un prix global de 7 euros la pinte.

Alors, où partir en voyage pour trinquer l'esprit léger ? Toujours selon la base de données Numbeo, la grande championne s'appelle Prague. La capitale tchèque propose un tarif particulièrement compétitif de 2,31 euros la chope. Il faut aussi miser sur le Portugal (2,50 euros la pinte à Lisbonne), l'Espagne (3 euros à Madrid), l'Allemagne (4 euros à Berlin) et l'Autriche (4,25 euros à Vienne).

Zdraví ! (« Santé ! » en tchèque).

Un soir au dîner, la petite dernière demande à son père :
« Papa, pourquoi t'es toujours tout rouge ?
– Ben, tu vois, ma fille, c'est l'été et, en mobylette, tu prends des coups de soleil. Ça te rend la peau toute rouge. »
La petite acquiesce mais ne paraît pas totalement convaincue.
« Mais, papa… En hiver, t'es tout rouge aussi…
– Oui, ma fille. Mais en hiver, il fait froid. Sur la mobylette, le froid et la vitesse, ça te fait la peau toute rouge. »
Alors, la mère, excédée, saisit la bouteille de vin et la tend à sa fille :
« Tiens, passe la mobylette à ton père ! »

CARRÉ MAGIQUE

FACILE

Obtenez la somme de **75** sur toutes les lignes horizontales et verticales !

34		
	25	
28		16

Solution page 605

Laurent et Olivier,
la cinquantaine, discutent :
« Hier, trois femmes
m'ont invité à sortir…
– La chance !
Mais comment tu fais ?
– Je me suis trompé
de toilettes au bar ! »

Les 4 avantages de servir du thé vert à vos invités :

1. Vous apparaissez comme une personne saine et bien portante.
2. Vous économisez le lait, le sucre, le café et le pain.
3. Ils n'en redemanderont pas.
4. Ils ne reviendront jamais.

Pourquoi faire un doigt d'honneur est-il si malpoli ?

« Majeur en l'air ! » Cette insulte si répandue en France a, pour beaucoup, une symbolique phallique évidente. Mais ses racines sont, en réalité, bien plus anciennes… Pendant la guerre de Cent Ans (1337-1453), les soldats français avaient pour coutume barbare de couper le majeur des archers anglais capturés. Ainsi, ces derniers ne pourraient plus jamais se servir de leur arc. Pour narguer les vaincus, les belligérants leur montraient ensuite fièrement leur majeur intact !
Cependant, cette histoire ne serait pas la seule à l'origine du fameux doigt d'honneur. Pour preuve : on raconte que durant l'Antiquité, le philosophe grec Diogène avait déjà effectué ce geste en direction du politique Démosthène. Dans la Rome antique, on parlait même de « doigt impudique » (*digitus impudicus*) !

IL ÉTAIT QUELLE COULEUR TON PREMIER VÉLO PAPY ?
ROUGE
QUELLE MÉMOIRE !
LE VÉLO, ÇA NE S'OUBLIE PAS !

Vrai ou faux ?

L'espagnol est la langue la plus parlée en Amérique du Sud.

Faux.
Il s'agit du portugais, langue officielle du Brésil. Ce pays est le seul du continent à avoir adopté la lusophonie en raison de sa colonisation par le Portugal de 1500 à 1822. Tous les autres États d'Amérique du Sud parlent la langue ibérique, du fait de leur domination passée par l'Espagne. Cependant, le Brésil est un pays tellement grand que l'on compte plus de Lusophones que d'Hispanophones sur le continent !

« Tu sais ce que
j'aime chez toi ?
– Non…
– Moi non plus.
J'espérais que tu
puisses m'aider… »

Hier, j'ai croisé
ma diététicienne
au McDo.
Je l'ai regardée...
Elle m'a regardée...
On s'est regardés.
Puis on a fait
comme si on ne se
connaissait pas.

« Vous ne vous inquiétez pas qu'à votre âge, tous vos amis soient mariés et aient des enfants ?
– Si, ça m'inquiète. Mais je ne sais pas comment je peux les aider. »

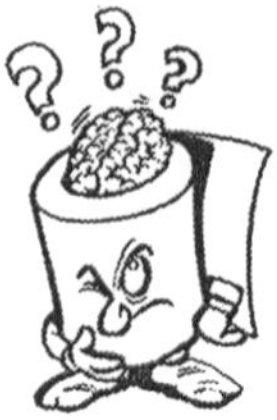

QUIZ

LES GRANDS QUIZ

Testez vos connaissances sur Monica Bellucci :

1. Dans quel pays est née Monica Bellucci ?

a. Italie
b. France
c. Espagne
d. Grèce

2. Quel était son métier avant de devenir actrice ?

a. Mannequin
b. Médecin
c. Professeur
d. Avocate

3. Quel réalisateur italien l'a dirigée dans le film *Malena* ?

a. Federico Fellini
b. Roberto Benigni
c. Giuseppe Tornatore
d. Bernardo Bertolucci

QUIZ

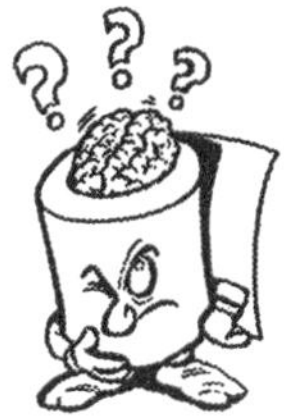

4. Quel personnage Monica Bellucci a-t-elle joué dans les films de la série Matrix ?

a. Trinity
b. Perséphone
c. Niobe
d. Le Mérovingien

5. Avec quel célèbre acteur français Monica Bellucci a-t-elle été mariée ?

a. Alain Delon
b. Gérard Depardieu
c. Jean Dujardin
d. Vincent Cassel

6. Quel film de 2004 a vu Monica Bellucci jouer le rôle de Marie-Madeleine ?

a. *La Passion du Christ*
b. *Le Concile de Pierre*
c. *Irréversible*
d. *Le Pacte des loups*

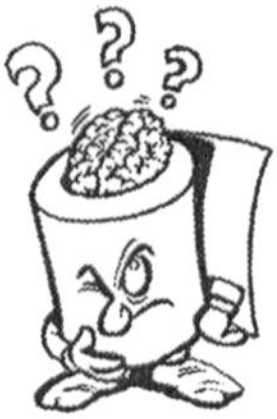

QUIZ

7. Dans quel film incarne-t-elle Cléopâtre ?

a. *Cléopâtre*

b. *Astérix et Obélix : Mission Cléopâtre*

c. *Astérix et Obélix : L'Empire du Milieu*

d. *Deux nuits avec Cléopâtre*

8. En 2006, Monica Bellucci a été membre du jury dans quel festival de cinéma ?

a. Festival de Cannes

b. Festival de Venise

c. Festival de Berlin

d. Festival de Sundance

Solutions : 1a. Italie – 2a. Mannequin – 3c. Giuseppe Tornatore – 4b. Perséphone – 5d. Vincent Cassel, dont elle a divorcé en 2013, après 14 ans de mariage et 17 ans de vie commune – 6a. *La Passion du Christ* (réalisé par Mel Gibson) – 7b. *Astérix et Obélix : Mission Cléopâtre* (réalisé par Alain Chabat et sorti en 2002) – 8a. Festival de Cannes.

Albert Einstein, ce grossier escroc...

Si Einstein est aujourd'hui reconnu comme un génie incontesté, cela n'a pas toujours été le cas. Sa théorie révolutionnaire de l'effet photo-électrique date de 1905, mais n'a été récompensée du prix Nobel qu'en 1921... C'est dire si les travaux du scientifique avaient provoqué un certain scepticisme.

Pour s'en rendre compte, il suffit de lire la critique foudroyante publiée par le journal *Ouest-Éclair* en 1923 : « Einstein ne possède pas une culture mathématique suffisante pour apprécier exactement la signification des calculs, ni pour interpréter et discuter les résultats. Ce n'est, je le répète, qu'une grossière contrefaçon de la science. »

L'auteur de ces mots a dû se faire tout petit par la suite...

En Irlande, quelle différence y a-t-il entre un mariage et un enterrement ?

Dans un enterrement, il y en a un qui n'est pas bourré.

Comment s'appelle un énorme marché conclu entre un alligator et un caïman ?

Un gros, gros deal.

Laurent et Olivier se croisent dans la rue :
– Hé, ça va ? Dis-moi, Laurent, c'est une montre Apple que tu as au poignet ?
– Oui, elle est géniale !
– Et il est quelle heure ?
– Ah, non, elle ne donne pas l'heure ! Par contre, elle peut géolocaliser l'horloge la plus proche ! »

Vrai ou faux ?

La ceinture noire est la plus forte au judo.

Faux.
Il s'agit d'une idée reçue très répandue !
En réalité, il existe deux ceintures correspondant à un grade plus élevé : la ceinture blanc et rouge (6e à 8e dan) et la ceinture rouge (9e et 10e dan).
La noire (1re à 5e dan) est supérieure à six autres ceintures, qui sont relatives à un niveau plus faible : blanche, jaune, orange, verte, bleue et marron.

À l'Opéra Garnier,
un homme ne cesse de parler
à l'oreille de sa femme…
Très agacé, son voisin
finit par lui dire :
« Monsieur, s'il vous plaît…
Je n'entends rien !
– Mais, enfin, monsieur !
Ma conversation avec
ma femme ne vous
regarde pas ! »

La dotation du roi.

LA ROTATION DU DOIGT

Si vous obtenez un prêt dans une banque, vous le payez pendant 30 ans.

Si tu braques une banque, tu es libre dans 10 ans.

Suivez le WC Book pour d'autres conseils financiers.

QUEL EST L'INTRUS ?

JIM CARREY

ADAM SANDLER

WILL FERRELL

MERYL STREEP

MELISSA McCARTHY

SETH ROGEN

TINA FEY

Solution : Meryl Streep. Tous les autres acteurs et actrices de la liste sont principalement connus pour leurs rôles dans des films de comédie. Meryl Streep, cependant, est célèbre pour sa polyvalence en tant qu'actrice dramatique, ayant remporté plusieurs Oscars et récompenses dans ce genre.

Quelle est la différence entre un pastis et une belle-mère ?

Un pastis, il ne faut surtout pas le noyer !

QUIZ

Dans quel film célèbre l'action se déroule-t-elle principalement à Gotham City ?

a. *Avengers: Endgame*
b. *The Dark Knight*
c. *Harry Potter et la coupe de feu*
d. *Le Seigneur des anneaux : Le Retour du roi*

Solution : b. *The Dark Knight* (2008). Gotham City est une ville américaine fictive où se déroulent les aventures de Batman.

CARRÉ MAGIQUE

DIFFICILE

Obtenez la somme de **717** sur toutes les lignes horizontales et verticales !

169		82	142	121	136
73	160		127		139
	91	70		145	124
88		163	115		109
154	79		100	106	
	172	151	103		97

Solution page 605

YODA... IL Y A UN FIL ROUGE ET UN BLEU, LEQUEL JE DOIS COUPER POUR DÉSARMORCER LA BOMBE ?
LE ROUGE...
BOUM!
TU NE DOIS PAS COUPER !

Un nain se rend dans les toilettes publiques. Il se positionne face à un urinoir et commence à faire pipi. À côté de lui, un type qui mesure au moins 1,90 m urine aussi. Le nain ne cesse de lever la tête et de regarder son voisin en clignant des yeux. Au bout d'un moment, le gars devient un peu agressif et demande au nain :

« Qu'est-ce que t'as ??? T'es homo ou quoi ???

– Non, pas du tout… Mais ça me gicle dans les yeux ! »

Quand j'étais jeune, on faisait du vélo sans casque et ça s'est toujours bien passé.

Et vous savez quoi d'autre ?

Quand j'étais jeune, on faisait du vélo sans casque et ça s'est toujours bien passé.

L'œuf à la coque,
c'est 3 minutes.

L'œuf dur,
c'est 10 minutes.

Et l'œuf talmo,
c'est 6 mois.

Essayez un peu d'écraser cet insecte...

Vous avez la (très mauvaise) habitude de taper fort du pied lorsqu'une inoffensive araignée ou une mouche agaçante passe à portée ? Inutile de vous fatiguer avec le « scarabée diabolique cuirassé ». Derrière ce nom de superhéros se cache un insecte aux propriétés fascinantes, qui inspire les scientifiques...

Le « coléoptère du diable », alias *Nosoderma diabolicum*, vit dans les déserts arides d'Amérique du Nord. Arborant la taille et l'aspect d'un petit caillou noir, il ne paye pas de mine. Néanmoins, cette petite bête a la capacité de supporter jusqu'à 36 000 fois son poids ! Autant dire qu'un camion d'une tonne et demie peut lui rouler dessus sans même égratigner sa carapace.

Comme des chercheurs américains et japonais l'ont découvert, le scarabée diabolique cuirassé ne possède pas d'ailes. Ses élytres, qui protègent habituellement la fine membrane des ailes, se sont soudés entre eux au fil des millénaires. Le résultat est une carapace à la fois extrêmement rigide et très souple, fonctionnant en quelque sorte comme un puzzle 3D sur plusieurs couches.

Cette mécanique naturelle ingénieuse permet au *Nosoderma diabolicum* de faire montre d'une incroyable solidité. D'ailleurs, des études sont en cours afin d'appliquer les propriétés de ce scarabée super fortiche à des blindés, des drones et des avions.

Vrai ou faux ?

Il est possible de domestiquer les moisissures.

Vrai.
Notre cher camembert, fierté nationale, en est la preuve. Sa croûte si douce et si blanche est, en réalité, composée d'un champignon microscopique, nommé le *Penicillium camemberti*. Cette souche de moisissure a été sélectionnée avec soin par les maîtres fromagers depuis le XIXe siècle. Ses avantages ? Elle élimine les autres champignons toxiques qui pourraient se développer, mais possède aussi de belles propriétés organoleptiques, qui affectent les organes des sens (au niveau du goût, de la texture et de la couleur).

Le thé vert fait maigrir… uniquement si tu vas le chercher à pied jusqu'en Chine pour le ramasser !

DEUX SOURDS PEUVENT-ILS SE DISPUTER SUR UN MALENTENDU ?

À une prostituée au tribunal, le juge :
« Nom, prénom, âge ?
– Mariawski Krystyna.
– Nationalité ?
– Polonaise.
– Profession ?
– Enfin, Michel, tu la connais ma profession ! »

Tu sais que t'es célibataire depuis trop longtemps quand tu caresses les cheveux de ton gynéco quand il te palpe les seins...

« Je te jure que c'est la première fois que ça m'arrive.
– Ce n'est pas grave.
– Oui, mais ça touche ma fierté de mâle.
– Je te dis que ce n'est pas grave.
– La prochaine fois, je vais me rattraper.
– Quelle prochaine fois ? »

« J'ai quitté mon boulot pour réaliser mon rêve !

– Et c'était quoi, ton rêve ?

– Quitter mon boulot… »

Le Caddie n'est pas un objet, mais une marque

Oui, tout comme votre « Frigidaire » ou vos « Kleenex ». D'ailleurs, ce phénomène qui consiste à désigner un objet du quotidien par un nom propre s'appelle une antonomase.

Arrêtons-nous l'espace d'un instant sur la genèse du « Caddie », qui s'avère amusante. En effet, le chariot emblématique a vu le jour en France treize ans avant la naissance des supermarchés ! L'entrepreneur alsacien Raymond Joseph a copié le succès de ces objets utilisés depuis les années 1950 aux États-Unis. Lorsque le premier Carrefour de France ouvrit en 1963, Raymond Joseph l'attendait donc de pied ferme avec son Caddie.

Vrai ou faux ?

L’humanité a réussi à éradiquer certaines maladies.

Vrai.
Une seule, en réalité ! Il s’agit de la variole, qui a été déclarée définitivement vaincue en 1980 par l’Organisation mondiale de la Santé (OMS). Vingt ans de vaccination dans le monde entier auront été nécessaires pour en venir à bout. Prochain ennemi dans le viseur de l’OMS : la poliomyélite, qui sévit malheureusement encore au Nigeria, en Afghanistan et au Pakistan.

QUIZ

Le film *La Mémoire dans la peau* (2002) présente des scènes dans plusieurs villes européennes. Parmi celles-ci, quelle est la principale ?

a. Prague
b. Rome
c. Berlin
d. Paris

Solution : d. Paris.

10 ASTUCES NATURELLES POUR CONSOMMER AUTREMENT :

1. **Achat en vrac :** privilégiez l'achat en vrac pour réduire les emballages et n'acheter que la quantité nécessaire.

2. **Produits locaux :** choisissez des produits locaux pour soutenir l'économie locale et réduire l'empreinte carbone due au transport.

3. **Saisonnalité :** consommez des fruits et légumes de saison pour profiter de la fraîcheur et réduire les coûts énergétiques liés à la culture hors saison.

4. **Écolabels :** recherchez des produits certifiés par des écolabels garantissant des pratiques durables.

5. **DIY (Do It Yourself) :** fabriquez vos propres produits de nettoyage ou cosmétiques pour contrôler les ingrédients et limiter les déchets.

6. **Réparation :** essayez de réparer plutôt que de remplacer les objets endommagés pour prolonger leur durée de vie.

7. **Recyclage :** triez et recyclez correctement les déchets pour minimiser l'impact environnemental.

8. **Compostage :** compostez les déchets organiques pour réduire les déchets et enrichir le sol de votre jardin.

9. **Usage partagé :** participez à des systèmes de partage ou de location pour les biens que vous utilisez rarement.

10. **Économie d'énergie :** investissez dans des appareils à haute efficacité énergétique et pratiquez des habitudes quotidiennes qui économisent l'énergie.

« Sur une échelle de 1 à 10, à quel point êtes-vous fatigué aujourd'hui ?

– Une échelle ? Il n'y a pas un escalator ou un ascenseur ? »

« J'aimerais que l'on garde notre relation secrète.
– Mais… t'es qui ?
– Parfait, continue comme ça ! »

La preuve qu'une femme aime plus son mari que ses enfants ?

Elle peut laisser ses enfants chez sa voisine, mais… pas le mari, jamais !

QUEL EST L'INTRUS ?

HAMLET

ROMÉO ET JULIETTE

LE SONGE D'UNE NUIT D'ÉTÉ

LE PETIT PRINCE

MACBETH

OTHELLO

LE ROI LEAR

Solution : *Le Petit Prince*. Toutes les autres œuvres de la liste sont des pièces de théâtre écrites par William Shakespeare (1564-1616). Le *Petit Prince*, en revanche, est un conte philosophique écrit par Antoine de Saint-Exupéry (1900-1944).

Vrai ou faux ?

Le papier bulle a été conçu pour protéger les colis fragiles.

Faux.
Difficile à croire, mais ce matériau ultra-amortissant devait, à l'origine, servir de... papier peint ! Ses inventeurs, les ingénieurs américain et suisse Alfred Fielding et Marc Chavannes, avaient pour ambition de créer un revêtement mural révolutionnaire. Ils se sont vite rendu compte que le papier bulle n'était pas idéal pour décorer son salon, mais parfait pour emballer les objets... Et, accessoirement, pour détendre les nerfs des grands anxieux.

« Papy, qu'est-ce que tu veux cette année pour Noël ?

– Des CD.

– Oui, nous aussi, on aimerait bien, mais l'euthanasie, c'est interdit. »

Le saviez-vous ?

Le suspect mangeait de l'eucalyptus

Imaginez : un homme est retrouvé mort dans une forêt en Australie. Les enquêteurs exultent, car des empreintes digitales bien distinctes ont été relevées sur une branche voisine, qui pourrait avoir été utilisée comme arme du crime. Sauf que ces dernières n'appartiennent pas à un dangereux criminel… mais à un paisible marsupial, en train de faire la sieste quelques dizaines de mètres plus haut.

Certes, ce scénario fantaisiste n'a jamais existé. Toutefois, comme l'anthropologue et scientifique médico-légale Maciej Henneberg l'a prouvé dans les années 1990, il n'est pas si invraisemblable que cela. En effet, les koalas possèdent des empreintes digitales quasiment indiscernables de celles des êtres humains ! Il s'agit des seuls non-primates dotés de ces sillons uniques à chaque individu, que l'on peut observer sur leur deuxième et leur troisième doigt.

Si les empreintes digitales des koalas sont bien pratiques pour identifier chaque animal, Maciej Henneberg a émis la crainte qu'elles soient un jour confondues avec celles d'un être humain lors d'une scène de crime. Mais il faut bien avouer que ces boules de poils sont beaucoup trop mignonnes pour être inculpées…

QUIZ

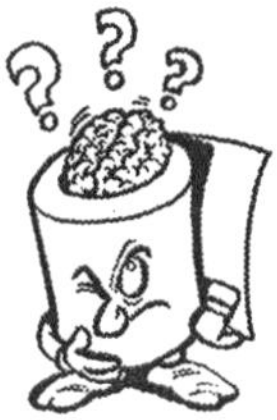

Dans quel pays se situe la ville fictive de Birnin Zana (Wakanda-Central), qui apparaît dans le film *Black Panther* et d'autres films de l'univers Marvel ?

a. Afrique du Sud
b. Kenya
c. Nigeria
d. Wakanda

Solution : d. Wakanda. C'est la capitale du Wakanda, qui est un royaume africain tout aussi fictif, né de l'esprit de Stan Lee et Jack Kirby en juillet 1966.

Le garagiste de ma rue
a été arrêté pour trafic
de drogue !

J'ai été son client pendant
10 ans et je ne savais
même pas qu'il était
garagiste…

Secouons les mites de tes habits !

SECOUONS LES BITES DE TES AMIS !

JEUX

MOTS CROISÉS

HORIZONTALEMENT
1. Traversé
2. Emballages uniques
3. Coulées de lave rugueuse – Symbole chimique de l'or
4. Neptunium – Partie du sol et du sous-sol gelée en hiver
5. Habits
6. Einsteinium – Fleuve côtier du Nord de la France – Pronom personnel
7. Membre d'une ethnie d'Amérique – Non paginé
8. Prénom masculin – Astate

VERTICALEMENT
I. Odeur désagréable ou nauséabonde
II. Type de pied métrique en poésie
III. Partie du veau ou de l'agneau comestible – Précède une date
IV. Cadmium – Assassina
V. Commune de Haute-Garonne – Prénom masculin
VI. Usage – Arsenic – Protactinium
VII. Ancienne monnaie espagnole
VIII. Habituelle

	I	II	III	IV	V	VI	VII	VIII
1								
2								
3				■	■	■		
4			■					
5							■	
6			■			■		
7				■			■	
8					■			■

Solution page 616

Vrai ou faux ?

Le cœur s'arrête de battre lorsqu'on éternue.

Faux.
Il s'agit là d'une vieille légende infondée. Le cœur ne s'arrête pas de battre, bien heureusement, mais ralentit son rythme. Ce phénomène est dû à l'augmentation de la pression intrathoracique lors de l'éternuement, qui réduit la circulation sanguine en direction du muscle cardiaque. En revanche, les yeux se ferment toujours automatiquement, selon un réflexe encore mal compris par la science.

Lola est dans le lit
avec Kevin :
« J'ai froid aux pieds,
Kevin. Je peux les mettre
entre tes jambes ?
– Pourquoi t'as jamais
froid aux oreilles ? »

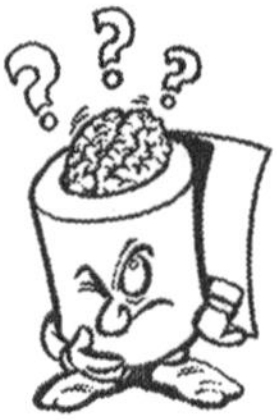

QUIZ

LES GRANDS QUIZ

Testez vos connaissances sur Henri IV
(autres que celles sur son cheval blanc, qui ne l'était pas…) :

1. En quelle année Henri IV est-il devenu roi de France ?

a. 1589
b. 1594
c. 1603
d. 1610

2. Sous quel surnom Henri IV était-il souvent connu ?

a. « Le Grand Roi »
b. « Le Roi-Soleil »
c. « Le Bon Roi Henri »
d. « Le Roi Chevalier »

3. Quelle fameuse phrase lui est traditionnellement attribuée ?

a. « L'État, c'est moi. »
b. « Un roi, une loi, une foi. »
c. « Paris vaut bien une messe. »
d. « Gloire à la France éternelle ! »

QUIZ

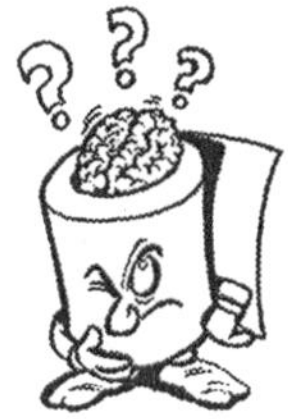

4. Quel traité de paix célèbre Henri IV a-t-il signé le 8 août 1570 ?

a. Le traité de Versailles
b. Le traité de Westphalie
c. Le traité de Saint-Germain-en-Laye
d. Le traité de Tordesillas

5. Quelle religion Henri IV a-t-il officiellement adoptée pour accéder au trône ?

a. Catholicisme
b. Protestantisme
c. Islam
d. Judaïsme

6. Quelle est la devise d'Henri IV ?

a. « Dieu et mon droit »
b. « Je maintiendrai »
c. « L'une protège l'autre »
d. « Henri est là »

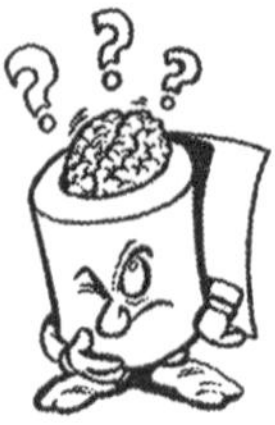

QUIZ

7. Quel est le nom de la première épouse d'Henri IV ?

a. Catherine de Médicis
b. Marie Stuart
c. Anne d'Autriche
d. Marguerite de Valois

8. Quel est le pont de Paris dont la construction a été commandée par Henri III et poursuivie par Henri IV de 1578 à 1607 ?

a. Le pont des Arts
b. Le Pont-Neuf
c. Le pont Marie
d. Le pont Mirabeau

Solutions : 1a. 1589 – 2c. « Le Bon Roi Henri » – 3c. « Paris vaut bien une messe » – 4c. Le traité de Saint-Germain-en-Laye – 5a. Catholicisme (Henri de Navarre était protestant) – 6c. « L'une protège l'autre » (la France et la Navarre) – 7d. Maguerite de Valois (dite la reine Margot) – 8b. Le Pont-Neuf.

JEU DES 7 DIFFÉRENCES

Solution page 617

Petite annonce :

« Je ne suis pas aussi beau que George Clooney.

Ni célèbre que Brad Pitt.

Mais je lèche comme Rintintin. »

« Bon, je demande le divorce !
– À qui ?
– Ben, à toi ! C'est toi,
mon mari !
– Ah, oui, j'suis con !
– Voilà, c'est pour ça ! »

Être con, c'est comme avoir de la salade entre les dents.

Tant que tu fermes ta gueule, personne ne s'en aperçoit.

Le conseil WC Book du jour.

Quand une femme te dit :
« Fais ce que tu veux… »
Ne fais pas ce que tu veux.
Ne bouge pas. Ne cligne pas des yeux. Ne réponds rien. Ne respire pas. Fais le mort.

Le docteur à Patrick :
« À quelle fréquence consommez-vous de l'alcool ?
– De manière occasionnelle.
– C'est-à-dire ?
– Dès que l'occasion se présente ! »

QUEL EST L'INTRUS ?

LOUIS XIV

HENRI VIII

FRANÇOIS IER

NAPOLÉON IER

CHARLES IER

Solution : Napoléon Ier. C'était un empereur, pas un roi.

« Maman ! Comment je suis née ?
– Eh bien, un jour, papa a planté une petite graine. Maman en a pris soin tous les jours. En quelques mois, elle est devenue une plante merveilleuse. On l'a coupée, séchée et fumée. Ce jour-là, on planait tellement qu'on a oublié le préservatif… »

Le saviez-vous ?

Criblé de dettes,
Napoléon est mort
à Cetelem.

Chaque jour, des milliers de verbes sont victimes de violences conjugales.

Ne les oublions pas.

« Répondez sans réfléchir, OK ?
– OK !
– Votre couleur favorite ?
– La voiture.
– Thé ou café ?
– Le dauphin.
– STOP ! Faut réfléchir un peu quand même… »

« Merci pour la soirée d'hier !
– Mais on n'était pas ensemble…
– Justement… »

« Ils sont morts ?
– Et eux, ils sont morts ?
– Elle aussi, elle est morte ?
– Et lui ? »
Mes enfants, quand on écoute l'une de mes playlists…

Charade

Mon **premier** est le

BLANC DE MEUDON,

Mon **deuxième** est un

PETIT INSECTE,

Mon **troisième** est

DERRIÈRE VOUS,

Mon **quatrième** est un

ARTICLE DÉFINI,

Mon **tout** est la

FIN DE LA JOURNÉE.

Solution : Crépuscule (Craie-Puce-Cul-Le).

QUIZ

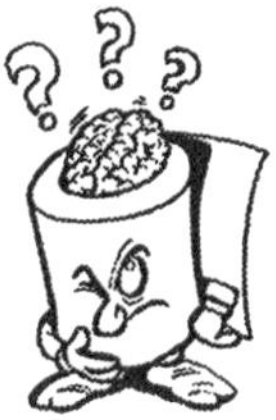

Petit jeu : saurez-vous trouver à quelle ville correspond ce surnom ?

On commence par la France…

a. « La Ville Lumière »
b. « La Ville rose »
c. « La Cité des ducs »
d. « La Belle Endormie »
e. « La cité Corsaire »
f. « La capitale des Gaules »

Vous les avez toutes ?
Essayez maintenant les autres pays !

g. « La ville de Gaudí »
h. « La Venise du Nord »
i. « La Grosse Pomme »
j. « La ville du Vent »
k. « La ville des Sept Collines au Portugal »
l. « La ville du Péché »
m. « Le berceau de la civilisation »
n. « La perle de l'Adriatique »
o. « La Ville éternelle »
p. « La Ville grise »

Solutions : a. « La Ville Lumière » : Paris – b. « La Ville rose » : Toulouse – c. « La Cité des ducs » : Nantes – d. « La Belle Endormie » : Bordeaux – e. « La cité Corsaire » : Saint-Malo – f. « La capitale des Gaules » : Lyon – g. « La ville de Gaudí » : Barcelone – h. « La Venise du Nord » : petit piège ! Ce surnom est revendiqué par de nombreuses villes européennes : Amsterdam, Bruges, Stockholm, Hambourg… – i. « La Grosse Pomme » : New York (« *Big Apple* ») – j. « La ville du Vent » : Chicago (« *Windy City* ») – k. « La ville des Sept Collines au Portugal » : Lisbonne – l. « La ville du Péché » : Las Vegas (« *Sin City* ») – m. « Le berceau de la civilisation » : Athènes – n. « La perle de l'Adriatique » : Dubrovnik – o. « La Ville éternelle » : Rome – p. « La Ville grise » : Berlin.

Ma psy m'a demandé
de commencer à tuer
des gens.

Certes, pas exactement
dans ces termes-là...

Mais elle a dit que je devais
réduire mon stress.
C'est pareil !

Humour

Un patron rejoint sa secrétaire chez elle. Celle-ci est affolée. Elle finit par lui avouer :
« Le préservatif a pété ! Je suis enceinte ! »
L'amant, ne sachant plus quoi faire et voulant absolument éviter que sa femme ne découvre cela, lui propose :
« Tu vas déménager en Italie. Je m'occupe de tout : l'avion, l'hébergement… Seule chose : quand l'enfant naîtra, envoie-moi une carte postale avec seulement écrit dessus “spaghetti”. »
Neuf mois plus tard, la femme du patron rentre avec le courrier et dit, tout étonnée, qu'il a reçu une carte postale d'Italie. Celui-ci s'empresse de la lire et perd connaissance…
Sa femme appelle le Samu. À son arrivée, le médecin demande ce qu'il s'est passé.
La femme du patron lui montre seulement une carte postale sur laquelle est inscrit :
« Spaghetti, spaghetti, spaghetti, spaghetti. Deux avec boulettes, deux sans boulettes. »

« Être optimiste, c'est voir la vie comme la penderie d'un cul-de-jatte, en se disant qu'il y aura toujours plus de hauts que de bas ! »

J'étais chez *Lidl* et je dis gentiment à un roux que la caisse handicapée, c'est à côté.

Il commence à s'énerver, à m'insulter et tout ! Bref… plus jamais j'aide les gens !

Humour

En Alsace, est-ce que les flammekueches le premier soir ?

Humour

Un médecin passe devant le conseil de discipline de l'hôpital pour avoir tenu des propos obscènes à une infirmière.

« Qu'avez-vous à dire pour votre défense ? demande le directeur.

– Écoutez, monsieur le directeur, ce jour-là, mon réveil n'a pas sonné. En me levant en sursaut, je me suis pris les pieds dans le fil de la lampe, je suis tombé et les plombs ont sauté. J'ai dû me raser au rasoir à main mais, comme je n'avais pas de mousse, je me suis coupé partout. J'ai voulu prendre mon café et… pas de courant pour la cafetière !

Je ne savais plus où j'avais garé ma voiture et, quand je l'ai enfin trouvée, j'avais un P.-V.

À l'entrée de l'hôpital, je me suis fait accrocher par une ambulance qui arrivait à fond alors que je sortais de chez le carrossier depuis la veille. Dans le parking, quelqu'un a pris ma place.

L'ascenseur était en panne alors j'ai monté les six étages à pied. Arrivé dans mon bureau, j'ai claqué la porte et la vitre s'est cassée. Au moment où je m'asseyais enfin dans mon fauteuil, cette demoiselle est entrée en disant : "Docteur, les thermomètres qu'on a livrés ce matin, je les mets où ?" … »

Sylvain vient consulter un gastro-entérologue :
« Docteur, j'ai des gaz en permanence. Pour tout vous dire, je n'arrête pas de…
– J'ai compris. Baissez votre pantalon et allongez-vous. Nous allons voir ça.
Le médecin quitte un instant la pièce et revient avec une longue tige de fer.
– Oh non, docteur !!! Par pitié !!! Pas ça !!!
– Calmez-vous, fait le médecin. Je voudrais ouvrir le vasistas pour aérer. »

Sonia appelle
son mari Tom :
« T'es où chéri ?
– À l'arrêt de bus.
– Dépêche-toi !
– D'accord ! Je vais
attendre plus vite. »

APRÈS LA TONTE DES MOUTONS, ON UTILISE DE L'AFTER-CHÈVRE ?

« Ma jienne a eu
ses petits.
– Déjà ?
– Non. Des jiens ! »

« Maman, maman !
Pourquoi papa n'habite
plus avec nous ?
– Tu sais effacer les
messages sur ton portable ?
– Oui, bien sûr…
– Eh ben, pas ton père… »

Mon comptable rêve de bible et de gros chiffres.

MON COMPTABLE RÊVE DE BIFLE ET DE GROS CHIBRES.

10 RECETTES FACILES POUR FABRIQUER SOI-MÊME SES PRODUITS DE BEAUTÉ NATURELS :

1. **Gommage au sucre et à l'huile de coco :** mélangez une 1/2 tasse de sucre avec un 1/4 de tasse d'huile de coco pour un gommage exfoliant naturel.

2. **Masque hydratant à l'avocat :** écrasez un avocat mûr et mélangez-le avec une cuillère à soupe de miel pour un masque nourrissant.

3. **Tonique à l'eau de rose :** mélangez 1 dose d'eau de rose avec 1 dose d'eau distillée pour rafraîchir et tonifier la peau.

4. **Shampoing sec à la maïzena :** utilisez de la maïzena pure comme shampoing sec pour absorber l'excès de sébum.

5. **Baume à lèvres à la cire d'abeille :** faites fondre 2 cuillères à soupe de cire d'abeille avec 2 cuillères à soupe d'huile de coco et ajoutez quelques gouttes d'huile essentielle pour parfumer.

6. **Démaquillant doux à l'huile d'amande :** utilisez de l'huile d'amande pure pour retirer le maquillage tout en nourrissant la peau.

7. **Gel douche à l'aloe vera :** mélangez du gel d'aloe vera avec un peu de savon liquide neutre pour un gel douche apaisant.

8. **Crème pour les mains à la glycérine :** mélangez de la glycérine avec un peu d'eau et quelques gouttes d'huile essentielle pour une crème hydratante.

9. **Soin antipelliculaire au bicarbonate de soude :** massez le cuir chevelu avec du bicarbonate de soude avant de shampoing pour combattre les pellicules.

10. **Masque éclaircissant au citron :** mélangez le jus d'un citron avec une cuillère à soupe de miel pour un masque facial éclaircissant (à utiliser avec précaution pour les peaux sensibles et éviter l'exposition au soleil après application).

Pourquoi les êtres humains ne possèdent-ils pas de queue ?

Avouez-le : tout le monde s'est posé au moins une fois cette question. La quasi-totalité du monde animal, des chimpanzés aux chats en passant par les lézards et les dauphins, arbore fièrement une queue… L'absence d'appendice caudal brille donc tout particulièrement chez les êtres humains, mais aussi chez les grands singes tels que les gorilles.

Pour la première fois, en février 2024, des chercheurs américains ont pu identifier une mutation dans le gène TBXT, responsable de la présence d'une queue chez les animaux. Elle serait survenue il y a environ 25 millions d'années, créant un véritable bouleversement au sein de l'humanité. On retrouve toujours une trace de la queue chez les embryons humains, qui disparaît approximativement à cinq semaines de grossesse, devenant le coccyx.

LE POURQUOI DU COMMENT

Si les êtres humains n'ont plus eu besoin de queue il y a plusieurs millénaires, c'est en raison, bien sûr, de leur passage à la station debout. La queue sert majoritairement de balancier aux animaux afin de courir, sauter, s'élancer… En se relevant, l'humain profitait de la gravité pour se déplacer et son appendice caudal se révélait plus encombrant qu'autre chose. La marche sur deux jambes se révélant bien moins énergivore que la marche à quatre pattes, nos ancêtres ont ainsi pu se concentrer sur le développement de leur cerveau.

La queue est aussi utile aux animaux pour protéger leurs organes génitaux. Une fonction peu intéressante pour les êtres humains, du fait de leur position verticale… et de leur drôle de manie de porter des vêtements !

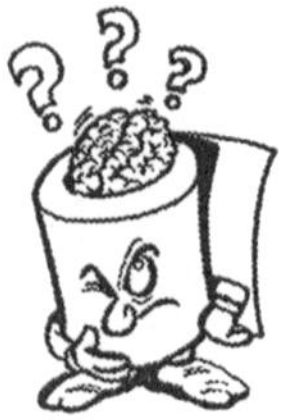

QUIZ

Quelle est la chaîne de montagnes la plus longue d'Europe ?

a. Les Alpes
b. Les Pyrénées
c. Les Carpates
d. Les Montagnes Oural

Solution : a. Les Alpes, qui s'étendent sur un millier de kilomètres.

« Me faire traiter
de mère indigne tout ça
parce que j'ai oublié de
lui mettre un élastique…
– POUR UN SAUT À
L'ÉLASTIQUE, PUTAIN !!!
– Ah… oui… »

Monsieur et madame Iziourlove ont un fils. Comment s'appelle-t-il ?

Solution : Œdipe. (*How deep is your love?*)

J'ai regardé
un film qui parle
de la drogue.

L'héroïne meurt
à la fin.

Snif...

Puisque la femme
a toujours raison et
l'homme toujours tort :

Si un homme dit à une
femme qu'elle a raison,
est-ce que ça veut dire
qu'il a raison ou
qu'il a tort ?

« Chérie, je suis seul chez moi. Qu'en penses-tu ?

– Ça me semble logique. Personne ne te supporte. »

SOLUTIONS DES JEUX

Solutions des carrés magiques

p. 19

55	69	68	58
66	60	61	63
62	64	65	59
67	57	56	70

p. 109

67	85	28	46	49
88	31	34	52	70
19	37	55	73	91
40	58	76	79	22
61	64	82	25	43

p. 49

99	155	151	111
143	119	123	131
127	135	139	115
147	107	103	159

p. 139

22	134	126	46
110	62	70	86
78	94	102	54
118	38	30	142

p. 79

5	16	65	60	37	32	33	44
19	10	55	62	35	26	39	46
8	61	68	9	40	29	52	25
18	59	6	63	34	27	38	47
66	11	54	15	50	43	22	31
56	13	20	57	24	45	36	41
67	58	7	14	51	42	23	30
53	64	17	12	21	48	49	28

p. 169

3	58	61	16	35	26	45	32
65	12	55	6	33	28	39	38
8	53	66	11	24	37	34	43
14	15	52	57	30	31	36	41
62	63	4	9	46	47	20	25
56	5	18	59	40	21	50	27
17	60	7	54	49	44	23	22
51	10	13	64	19	42	29	48

Solutions des carrés magiques

p. 199

55	83	81	61
77	65	67	71
69	73	75	63
79	59	57	85

p. 227

88	212	210	94	96	204	202	102
198	106	108	192	190	114	116	184
182	122	124	176	174	130	132	168
136	164	162	142	144	156	154	150
152	148	146	158	160	140	138	166
134	170	172	128	126	178	180	120
118	186	188	112	110	194	196	104
200	100	98	206	208	92	90	214

p. 259

17	24	1	8	15
23	5	7	14	16
4	6	13	20	22
10	12	19	21	3
11	18	25	2	9

p. 291

113	11	26	86	65	80
17	104	29	71	77	83
101	35	14	74	89	68
32	92	107	59	38	53
98	23	110	44	50	56
20	116	95	47	62	41

p. 319

10	29	6	28	20	24
5	36	4	23	27	22
3	7	35	21	25	26
30	34	8	12	16	17
32	9	31	14	18	13
37	2	33	19	11	15

p. 349

35	9	4	26	27	22
10	32	6	28	23	24
30	7	11	21	25	29
3	34	38	12	16	20
37	5	33	19	14	15
8	36	31	17	18	13

Solutions des carrés magiques

p. 383

119	143	67	91	95
147	71	75	99	123
55	79	103	127	151
83	107	131	135	59
111	115	139	63	87

p. 507

34	19	22
13	25	37
28	31	16

p. 409

7	69	10	68	39	37	42	36
66	12	15	61	50	28	31	45
19	57	70	8	51	41	38	24
62	16	11	65	46	48	27	33
14	64	59	17	30	32	43	49
67	9	22	56	35	25	54	40
18	60	63	13	34	44	47	29
55	21	58	20	23	53	26	52

p. 530

169	67	82	142	121	136
73	160	85	127	133	139
157	91	70	130	145	124
88	148	163	115	94	109
154	79	166	100	106	112
76	172	151	103	118	97

Solutions des mots mêlés

Mots mêlés Chevaliers de la table ronde d'Arthur p. 24

									A	C	C	O	L	O	N				
	H	T	E	R	A	G													
																	L	T	
			E	R	E	V	I	D	E	B		T			D	O		R	
											N			A	H		D	I	
										A			H	E			E	S	
T	E	L	F	R	I	G			N			A	N	N			R	T	
					L			E			L	G	I				D	A	
					A		R			A	R	S					R	N	
				T	M	G			G	I	S						O		
				O	O		G		N	E					K		M		
				L	R			A	L	A	V	E	C	R	E	P			T
			A	E	A	C		A	U			S			U			U	
		C		C	K	O	G			V			I				A	H	
				N		D					A			R		H	E		
				A		A						I			E	C			
				L		R			C				N	L	T	H			
						A			E				A	O			A		
						C			R			G	R					G	
									E										

Mots mêlés Cuba p. 60

	M	U	S	I	Q	U	E			O				T					
									G	A	B	M	U	R	A				
			L	E	D	I	F	R		C						B			E
						C	A				O						A		G
N						B	A					C						C	A
	O				M			R					K			S		E	L
		I		E					A					T		O	R		P
		T	T							I					A	C			
		R		U							B				U	I			
		O	O		L							E		S		A	L	L	
		P		T		O							S			L	A		
		I			I		V									I			
		C				J		E							N	S	H		
		A					O		R					O		M	A		
		L						M					L		A	E	V		
				L								O		S			A		
			A								C		L				N		
		R										A					E		
	O										S	E	R	A	G	I	C	H	
C													E	F	A	C			C

Solutions des mots mêlés

Mots mêlés Écrivains américains p. 98

		K																	E
		E																F	
		R				H											L		
		O					A									O			
		U				Y	A	W	G	N	I	M	E	H	W			D	
		A	U	A	E	R	O	H	T								I		
		C							E	H						C			
										L	O				K				
											L	R		I					
	B	A	L	D	W	I	N	D				I	N	T	W	A	I	N	
							R		L			S	V	E					
						M		E		A	O	A		L	K				
	N		S			O		V	N	N	R		U	C	E				
	A			A	K	R			O	K		E	E	S		M			
	M			I	L	R				N	L	B	G		T				
	T		N	R		I					N	U		Z		E			
	I	G		V		S	N			I		E	A		T		R		
	H			I		O		G	E				G	F		I			
	W			N		N		T	E	O	P			U			F		
				G			S			R					T				

Mots mêlés Football p. 134

					P					T	E	L	F	F	I	S			
					E	E	R	I	O	T	C	I	V		C			N	
					N			S	D						O			E	
					A			E	U						U			I	
					L		R			P					P			D	
					T	B					P				E			R	
		C			Y			N				O						A	
		O					O			E	N		R					G	
		R			T	T				O	R	A	T	T	A	Q	U	E	
		N			R	N			L			T			E				
		E		A		T	E	L		E			I			R			
		R	C			U	A	M	D					B			S		
						B		A	E						R	T			
					E		T			N				H		A			
					E	S					I				C	C			
				L			N					A				T			
			C					E	L	B	B	I	R	D		I	A		
		A							F					T		Q		M	
	T									E					N	U			
											D					E			

Solutions des mots mêlés

Mots mêlés Normandie p. 172

E	D	I	U	R	D									E					
													E	R					H
					H								L	D					A
					O								L	I					R
					N					S			I	C					A
					F		E	M	M	O	P		V			V			S
					L					D			U			I			N
		R			E					A			A			K			O
		I	N	E	U	O	R			V			E			I			R
		O	N		R					L			D			N			M
		N	I							A		B				G			A
		A	L				E			C			A						N
		M						R						T					D
	T	A	P	I	S	S	E	R	I	E	S				E				
										O				E	G	A	C	O	B
											T						U		
					F	R	O	M	A	G	E	S	E	I	U	L	P	X	
		L	I	T	T	O	R	A	L				I						
														H					
								C	A	M	E	M	B	E	R	T			

Mots mêlés Pays d'Amérique Latine p. 208

A																	E		
U					G											M			
G		Y	S	A	R	U	D	N	O	H					A				
A			A				A							N	R				
R		P		U				T	B				I		G				
A			A	L	G				E			R			E				
C				R	I	U			L	M	U				N				
I					A	S	R		I	S	A				T	B			
N						G	E	U	Z		E	L			I	O			
							U	R	E		Q		A		N	L			S
								A	B		U		H		E	I			A
									Y		A		A			V			L
			C	O	L	O	M	B	I	E	T		I			I			V
					P						E		T			E			A
					U	A					U		I	A	T	U	V	I	D
				O			N				R			A			L		O
			R					A						B		I			R
		E	E	U	Q	I	X	E	M					U	H				
	P	V	E	N	E	Z	U	E	L	A				C					

Solutions des mots mêlés

Mots mêlés Révolution française p. 246

		E	T	R	E	B	I	L	L	A	F	A	Y	E	T	T	E		
						A	S	S	E	M	B	L	E	E					
											N								R
		R								O								E	
		U							T								P		
		E		N	O	I	T	N	E	V	N	O	C			U		E	
		R					A								B			R	
		R				D		S	E	R	I	A	T	L	O	V		R	
N	O	E	L	O	P	A	N		G				I					E	
V		T				I		E	U			Q						I	
E					B	S		G	I		U							P	
R				O		N		A	L	E		B						S	
S			C			I		L	L				A					E	
A		A				D		I	O					S				B	
I	J					N		T	T						T			O	
L						O		E	I							I		R	
L						R			N								L		
E				E	T	I	N	R	E	T	A	R	F					L	
S						G			M	A	R	A	T						E

Mots mêlés Villes françaises commencant par la lettre D p. 282

									T	A	R	E	M	O	D			D	
												U						O	
					N							Q	N	O	J	I	D	M	
		D	A	M	P	I	E	R	R	E		R						E	
							A				D	E						V	
	E	P	P	E	I	D		N		R	Z	K		D		E		R	
									E	I		N		O	H			E	
		S						U	C	D	Z	U		L					
		N					X	E			E	D	I	E					
		I					D				N	U							
		A									E								
		B								R	N								
		S							D		R			S					
		E									A		U						
		L	N								U	L							
		E	A								O				X	A	D		
		N	N							D	D						O		
		G	I														U		
		I	D														A		
		D															I		

Solutions des mots mêlés

Mots mêlés Villes africaines p. 320

	R					K				M									
		A			I				O								A		
			K	G			H	G	A	R	C	C	A		E	D			
			A	A			A								N				
		L			D	D	R							A	O				
	I				I		A						U		R				
				S			R					L			O				
			C				E	O	K	A	M	A	B		B				
		I											S		A				
L	O								K			I			G	L			
E										H	N				A	O			
C							R	A		U	A			G		M			
A		A			I	A		L	T			R	O	A		E		S	
I			R		B	B		G				S	T		K			E	
R				A			O	E						O		A		F	
E			T		M			R							U		S		
						S			I							M		U	
						K	A	M	P	A	L	A							L
											N								

Solutions des sudokus

Sudoku p. 13

4	5	1	2	7	6	3	8	9
2	3	6	8	9	5	4	1	7
7	9	8	3	4	1	2	5	6
8	1	9	7	6	3	5	4	2
6	2	4	1	5	8	7	9	3
5	7	3	9	2	4	8	6	1
1	6	2	5	8	7	9	3	4
3	8	7	4	1	9	6	2	5
9	4	5	6	3	2	1	7	8

Sudoku p. 36

1	3	4	8	5	9	7	6	2
6	8	7	4	3	2	9	1	5
5	9	2	6	7	1	8	3	4
8	2	9	5	6	3	1	4	7
7	6	3	2	1	4	5	8	9
4	5	1	9	8	7	6	2	3
2	7	8	1	4	5	3	9	6
3	4	6	7	9	8	2	5	1
9	1	5	3	2	6	4	7	8

Sudoku p. 59

3	4	2	7	8	5	1	9	6
8	1	6	4	2	9	3	5	7
7	5	9	6	3	1	8	4	2
4	6	7	2	1	8	5	3	9
2	9	3	5	7	4	6	8	1
5	8	1	9	6	3	2	7	4
9	3	8	1	4	6	7	2	5
1	2	5	3	9	7	4	6	8
6	7	4	8	5	2	9	1	3

Sudoku p. 82

2	8	4	6	3	5	9	1	7
9	5	7	2	8	1	3	4	6
1	6	3	4	9	7	2	5	8
3	1	2	5	6	8	7	9	4
8	4	6	1	7	9	5	2	3
5	7	9	3	4	2	8	6	1
4	3	5	7	2	6	1	8	9
7	9	1	8	5	4	6	3	2
6	2	8	9	1	3	4	7	5

Sudoku p. 105

1	3	8	4	2	7	9	6	5
7	9	5	1	8	6	4	2	3
4	2	6	3	5	9	1	8	7
8	4	9	7	6	2	3	5	1
2	6	3	5	1	4	8	7	9
5	7	1	8	9	3	6	4	2
3	5	4	9	7	8	2	1	6
6	8	7	2	3	1	5	9	4
9	1	2	6	4	5	7	3	8

Sudoku p. 128

5	3	9	2	4	1	7	8	6
4	6	1	8	3	7	5	2	9
2	8	7	6	5	9	1	4	3
8	1	3	5	6	2	9	7	4
9	5	2	3	7	4	8	6	1
6	7	4	1	9	8	3	5	2
1	9	8	4	2	5	6	3	7
7	2	6	9	8	3	4	1	5
3	4	5	7	1	6	2	9	8

Solutions des sudokus

Sudoku p. 151

3	7	8	5	4	6	2	1	9
6	9	1	8	7	2	3	4	5
4	5	2	9	1	3	7	8	6
7	4	6	1	9	5	8	3	2
5	1	9	3	2	8	4	6	7
8	2	3	7	6	4	9	5	1
2	8	7	6	3	1	5	9	4
9	6	5	4	8	7	1	2	3
1	3	4	2	5	9	6	7	8

Sudoku p. 174

7	8	2	5	4	3	9	1	6
5	6	4	9	7	1	8	2	3
1	3	9	6	8	2	4	7	5
6	9	3	7	5	8	1	4	2
8	7	1	3	2	4	5	6	9
2	4	5	1	6	9	3	8	7
3	1	8	2	9	7	6	5	4
9	2	6	4	1	5	7	3	8
4	5	7	8	3	6	2	9	1

Sudoku p. 197

3	6	1	8	9	2	4	7	5
9	8	2	4	5	7	1	6	3
5	4	7	1	3	6	2	8	9
1	5	6	9	7	3	8	2	4
2	7	8	5	4	1	3	9	6
4	9	3	2	6	8	5	1	7
6	2	4	3	8	9	7	5	1
7	1	5	6	2	4	9	3	8
8	3	9	7	1	5	6	4	2

Sudoku p. 220

5	3	9	8	6	4	7	1	2
4	6	7	1	2	5	9	8	3
1	2	8	7	9	3	6	5	4
8	9	5	3	1	6	2	4	7
6	4	1	5	7	2	8	3	9
3	7	2	9	4	8	5	6	1
2	5	6	4	3	9	1	7	8
9	1	3	6	8	7	4	2	5
7	8	4	2	5	1	3	9	6

Sudoku p. 243

1	5	2	3	9	6	7	4	8
3	8	9	1	7	4	2	6	5
6	7	4	5	8	2	1	3	9
2	3	1	4	5	7	9	8	6
7	6	5	8	3	9	4	1	2
4	9	8	6	2	1	5	7	3
9	4	7	2	6	3	8	5	1
5	1	3	9	4	8	6	2	7
8	2	6	7	1	5	3	9	4

Sudoku p. 266

8	5	4	6	3	1	9	2	7
2	7	9	4	8	5	6	3	1
3	6	1	2	7	9	8	4	5
9	8	5	7	2	6	4	1	3
7	3	2	8	1	4	5	6	9
4	1	6	9	5	3	7	8	2
6	4	3	5	9	2	1	7	8
1	9	8	3	6	7	2	5	4
5	2	7	1	4	8	3	9	6

Solutions des sudokus

Sudoku p. 289

6	4	2	9	3	8	1	5	7
8	7	3	6	1	5	2	4	9
5	1	9	2	4	7	8	3	6
2	3	6	5	7	4	9	8	1
7	8	5	1	2	9	3	6	4
4	9	1	3	8	6	5	7	2
9	5	4	8	6	2	7	1	3
3	2	7	4	5	1	6	9	8
1	6	8	7	9	3	4	2	5

Sudoku p. 358

9	4	7	3	6	8	2	1	5
1	8	5	7	9	2	3	6	4
3	6	2	5	4	1	8	7	9
4	9	6	8	7	5	1	3	2
5	3	8	2	1	4	6	9	7
2	7	1	9	3	6	5	4	8
6	2	9	1	8	7	4	5	3
7	5	4	6	2	3	9	8	1
8	1	3	4	5	9	7	2	6

Sudoku p. 312

1	9	7	6	5	3	8	2	4
4	3	2	8	1	9	7	5	6
6	8	5	2	7	4	9	1	3
8	4	3	7	9	1	5	6	2
9	2	1	5	6	8	3	4	7
7	5	6	4	3	2	1	8	9
2	6	9	1	8	7	4	3	5
3	1	4	9	2	5	6	7	8
5	7	8	3	4	6	2	9	1

Sudoku p. 381

1	7	2	3	4	8	5	6	9
9	6	8	5	1	2	4	3	7
5	4	3	7	9	6	2	1	8
7	8	6	1	2	5	9	4	3
2	5	9	6	3	4	7	8	1
4	3	1	8	7	9	6	2	5
8	1	4	9	6	7	3	5	2
3	2	7	4	5	1	8	9	6
6	9	5	2	8	3	1	7	4

Sudoku p. 335

7	5	4	9	8	6	2	3	1
9	3	2	7	1	5	8	4	6
1	6	8	2	3	4	5	9	7
8	1	5	6	9	2	4	7	3
6	9	3	4	7	8	1	2	5
2	4	7	3	5	1	9	6	8
4	8	6	5	2	3	7	1	9
5	2	9	1	6	7	3	8	4
3	7	1	8	4	9	6	5	2

Sudoku p. 404

1	2	3	4	5	6	7	8	9
4	5	6	7	8	9	1	2	3
7	8	9	1	2	3	4	5	6
2	1	4	3	6	5	8	9	7
3	6	5	8	9	7	2	1	4
8	9	7	2	1	4	3	6	5
5	3	1	6	4	2	9	7	8
6	4	2	9	7	8	5	3	1
9	7	8	5	3	1	6	4	2

Solutions des sudokus

Sudoku p. 427

3	4	9	8	7	6	2	5	1
8	2	7	5	1	9	4	3	6
6	5	1	2	4	3	7	8	9
7	6	2	1	5	4	8	9	3
5	9	4	6	3	8	1	7	2
1	8	3	7	9	2	6	4	5
9	1	8	3	6	7	5	2	4
4	7	6	9	2	5	3	1	8
2	3	5	4	8	1	9	6	7

Sudoku p. 450

7	8	4	6	2	9	5	1	3
3	5	1	7	4	8	9	6	2
2	9	6	3	1	5	7	4	8
4	2	5	1	3	7	8	9	6
8	1	7	4	9	6	3	2	5
6	3	9	5	8	2	1	7	4
1	6	2	8	7	3	4	5	9
9	4	8	2	5	1	6	3	7
5	7	3	9	6	4	2	8	1

Sudoku p. 473

7	9	3	1	2	4	5	6	8
1	2	4	5	6	8	3	7	9
5	6	8	3	7	9	1	2	4
2	1	5	4	3	6	8	9	7
3	4	6	8	9	7	2	1	5
8	7	9	2	1	5	4	3	6
4	3	7	6	5	1	9	8	2
6	5	1	9	8	2	7	4	3
9	8	2	7	4	3	6	5	1

Solutions des mots croisés

Mots croisés p. 16

	I	II	III	IV	V	VI	VII	VIII
1	P	U	N	I	T	I	O	N
2	T	R	A	L	O	N	C	A
3	O	R	N	E	S	■	U	N
4	M	U	T	■	C	A	L	A
5	A	G	I	T	A	M	E	S
6	I	N	A	■	N	O	■	■
7	N	E	T	S	■	U	N	S
8	E	■	■	A	S	R	A	M

Mots croisés p. 70

	I	II	III	IV	V	VI	VII	VIII
1	S	T	A	B	I	L	E	S
2	A	B	C	E	D	E	R	A
3	L	■	E	C	I	M	E	R
4	S	A	N	S	■	S	■	M
5	E	R	S	■	A	■	A	A
6	R	E	A	C	T	A	N	T
7	O	S	I	E	R	S	■	E
8	S	■	S	■	E	■	H	S

Mots croisés p. 130

	I	II	III	IV	V	VI	VII	VIII
1	M	E	L	O	D	I	E	S
2	E	T	A	M	A	N	T	■
3	A	A	S	■	I	F	■	M
4	N	I	E	L	L	A	G	E
5	D	E	R	Y	■	M	E	S
6	R	N	■	C	E	A	N	S
7	E	T	R	E	N	N	A	I
8	S	■	F	E	■	T	S	E

Mots croisés p. 180

	I	II	III	IV	V	VI	VII	VIII
1	I	R	A	K	I	E	N	S
2	M	E	C	O	N	N	U	E
3	P	B	■	R	G	■	■	M
4	O	O	■	T	R	A	B	E
5	R	B	■	H	A	V	I	E
6	T	I	P	A	T	E	S	■
7	E	N	O	L	■	N	E	E
8	S	A	L	S	■	S	E	N

Mots croisés p. 234

	I	II	III	IV	V	VI	VII	VIII
1	B	R	O	C	A	N	T	E
2	A	E	R	A	T	E	U	R
3	A	B	E	R	■	M	E	R
4	S	U	E	S	■	E	R	E
5	I	T	■	P	A	C	A	S
6	S	E	R	A	N	■	■	■
7	M	N	■	C	A	L	A	I
8	E	T	■	H	S	■	A	N

Solutions des mots croisés

Mots croisés p. 300

	I	II	III	IV	V	VI	VII	VIII
1	B	R	A	B	A	N	T	S
2	R	E	A	R	M	E	R	A
3	A	A	■	E	■	G	■	L
4	C	S	■	B	R	A	D	A
5	E	S	P	O	N	T	O	N
6	L	U	I	T	■	E	S	T
7	E	R	■	T	A	U	■	S
8	T	A	P	E	U	R	S	■

Mots croisés p. 368

	I	II	III	IV	V	VI	VII	VIII
1	A	V	A	C	H	I	E	S
2	V	A	L	L	O	N	N	A
3	A	C	E	■	■	C	F	■
4	C	U	T	A	N	E	E	S
5	H	O	T	U	■	N	U	S
6	I	L	E	S	■	D	S	■
7	R	E	■	S	P	I	■	A
8	A	S	P	I	R	A	I	L

Mots croisés p. 406

	I	II	III	IV	V	VI	VII	VIII
1	R	A	Q	U	E	T	T	E
2	H	U	I	S	S	I	E	R
3	A	B	■	■	B	■	K	R
4	B	I	C	A	R	R	E	E
5	I	N	A	■	O	■	E	R
6	L	A	S	S	U	R	■	A
7	L	I	E	■	F	I	A	I
8	A	S	E	■	A	A	■	S

Mots croisés p. 422

	I	II	III	IV	V	VI	VII	VIII
1	P	U	B	L	I	E	E	S
2	E	T	E	I	N	T	S	■
3	A	■	L	E	A	■	S	O
4	G	L	A	S	■	S	A	L
5	E	■	I	■	G	E	R	M
6	R	E	E	M	E	T	T	E
7	E	■	N	■	A	A	S	T
8	S	E	T	■	I	R	■	O

Mots croisés p. 558

	I	II	III	IV	V	VI	VII	VIII
1	P	A	R	C	O	U	R	U
2	U	N	I	D	O	S	E	S
3	A	A	S	■	■	■	A	U
4	N	P	■	T	J	A	L	E
5	T	E	N	U	E	S	■	L
6	E	S	■	A	A	■	I	L
7	U	T	E	■	N	P	■	E
8	R	E	N	E	■	A	T	■

Solution – p. 295

Solution du jeu des 7 différences – p. 565

Allez vite sur *la page* FACEBOOK *du* WC-BOOK !

Rejoignez la communauté sur votre smartphone et partagez des moments de délires inédits avec d'autres WC Bookers.

Des jeux, des quiz, des blagues, des astuces, des anecdotes, des chiffres, des questions à la con, des peopleries et tant d'autres rubriques à partager avec vos amis sur **Facebook !**

Défiez-les sans tarder, les fous rires sont assurés !

Assis aux toilettes,
restez connecté avec
le monde extérieur !

Mon bloc-notes
perso

Mon bloc-notes perso

Mon bloc-notes perso

Mon bloc-notes perso

Mon bloc-notes perso

Mon bloc-notes perso

Mon bloc-notes perso

Mon bloc-notes perso

Mon bloc-notes perso